知識ゼロでも
楽しく読める!

天気のしくみ

西東社

はじめに

最近は、天気予報で「ゲリラ雷雨」「線状降水帯（せんじょうこうすいたい）」「猛暑」など、気象災害に対して警戒を呼びかける言葉をよく聞くようになりました。そのようなこともあり、天気のしくみに興味をもっている方も多いのではないでしょうか？

でも、天気のしくみを知るのに必要な気象学って、数式とかたくさん出てくるんでしょ？　理系じゃないとダメなんでしょ？…などのように思ってはいませんか？　結論からいうとそんなことはありません。確かに、難しい内容もありますが、本来は楽しいものです。「晴れる」「雨が降る」という、とても身近なことなのに、そのしくみについて知らない方はきっと少なくないはず。そんな天気を知るための最初のきっかけに、本書は非常に適しています。

本書を開いて頂くとわかるように、話題をひとつずつ見開きページにまとめ、簡潔な文章とイラストを使ってわかりやすく説明しています。順番に読んでいく必要もありません。興味をもった

ページから読めるように工夫してあります。大人はもちろん、小さなお子さんも楽しめます。日々、進化している天気予報の最新の情報も取り入れているため、学び直しにも最適です。

私が天気を勉強していて、すごいなぁと思ったことは「地球はバランスの悪い状態を良い状態にしていること」です。

赤道は暖かい、極（北極と南極）は冷たい。私たちには当たり前のことでも、地球にとっては実はバランスの悪い状態。この状態を良い状態にするために、赤道の暖かい空気を極に移動させ、極の冷たい空気を赤道に移動させ、熱帯生まれの暖かい空気をもった台風を北へ移動させ…あらゆる手段を使って、地球はバランスの悪い状態を良い状態にしようとしているのです。

つまり雨を降らせたり、風を吹かせたりすることは、地球がバランスを良い状態にしている証拠なんです。地球は生きているのです。天気は全員に「平等」です。良いことも悪いことも。この本が、読者の皆さまの何かの転機（天気）になれば幸いです。

気象予報士 中島俊夫

もくじ

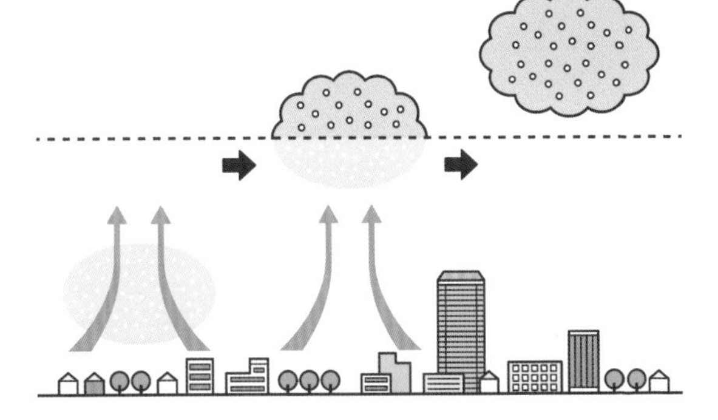

1章 知りたい！ 天気のしくみあれこれ …… 9▼78

2章 なるほど! 天気予報のしくみ

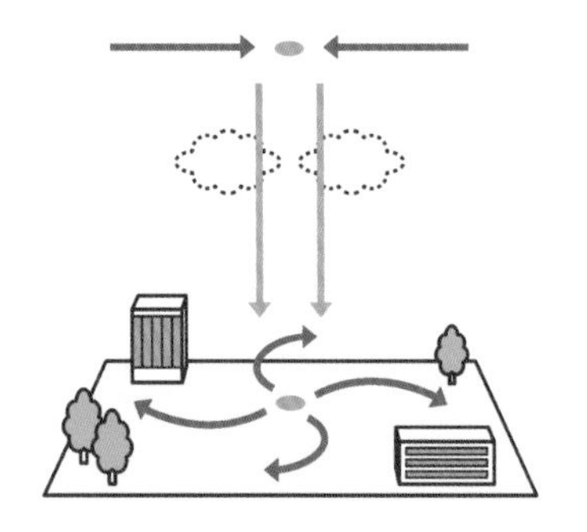

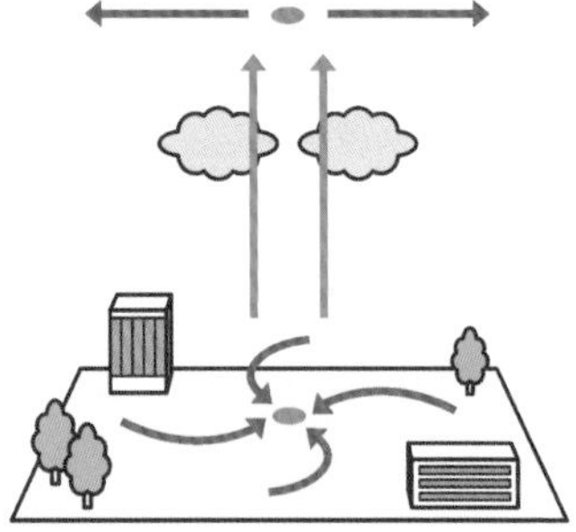

3章 もっと知りたい！ 空と気象のあれこれ

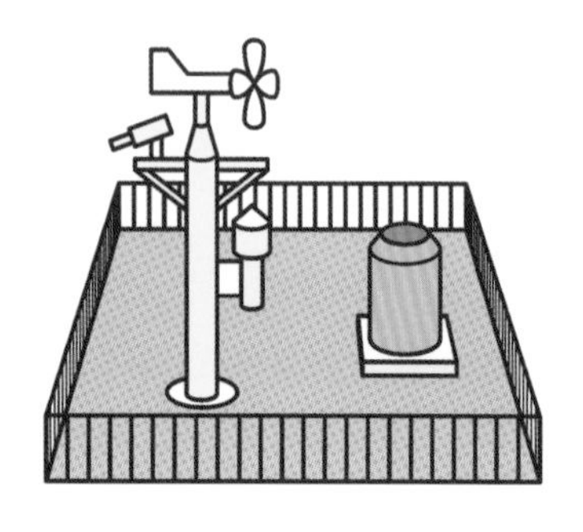

1章

知りたい！
天気のしくみあれこれ

なぜ雨は降るのか？　どうして虹は７色なのか？
雲のできかた、雪の結晶のしくみ、夕焼けが赤い理由など、
空をながめていると、不思議に思うことが多いですよね。
この章では、いろいろな天気のしくみを紹介します。

どうして「天気」は移り変わっていく？

なるほど！ 温度の違う空気が移動して風が生まれることで、天気が変わる！

晴れから雨、春から夏…と、なぜ毎日、天気は変わっていくのでしょうか？

天気の変化は、太陽からの熱を受けて、空気があちこちに動き回ることで起こります。例えば、部屋にストーブを置くと、まず部屋の床に近い空気が暖まります。すると暖かい空気は上昇し、やがて熱が部屋全体に広がります。また、部屋から出ようとドアを開けると、外の冷たい空気が暖かい部屋に吹き込み、風が生まれます。実は、まったく同じ現象が地球規模で起こっているのです〔右図〕。

地球の表面は空気におおわれていて、この空気の層を**「大気」**と呼びます。地球は太陽からの熱を受けると、まず地面がたくさんの熱を吸収し、その後、地表の空気が暖められていきます。そして、地表の暖かい空気が上空へのぼって雲が生まれ、入れかわりに冷たい空気が流れ込んでくることで風が生まれます。このように、**温度の違う空気が動くことで、風が吹いたり雲ができたりする**のです。

日差しの量が変われば、空気の動き方が変わるため、毎日そして季節によって、天気は変わっていきます。私たちが毎日見聞きする「天気予報」は、地球上の大気の運動を観測することで、天気の移り変わりを予想することなのです。

温度が異なる空気の間で風が生じる

温度の違う空気の移動

暖かい空気は上昇し、温度の違う空気の間で風が起こる。

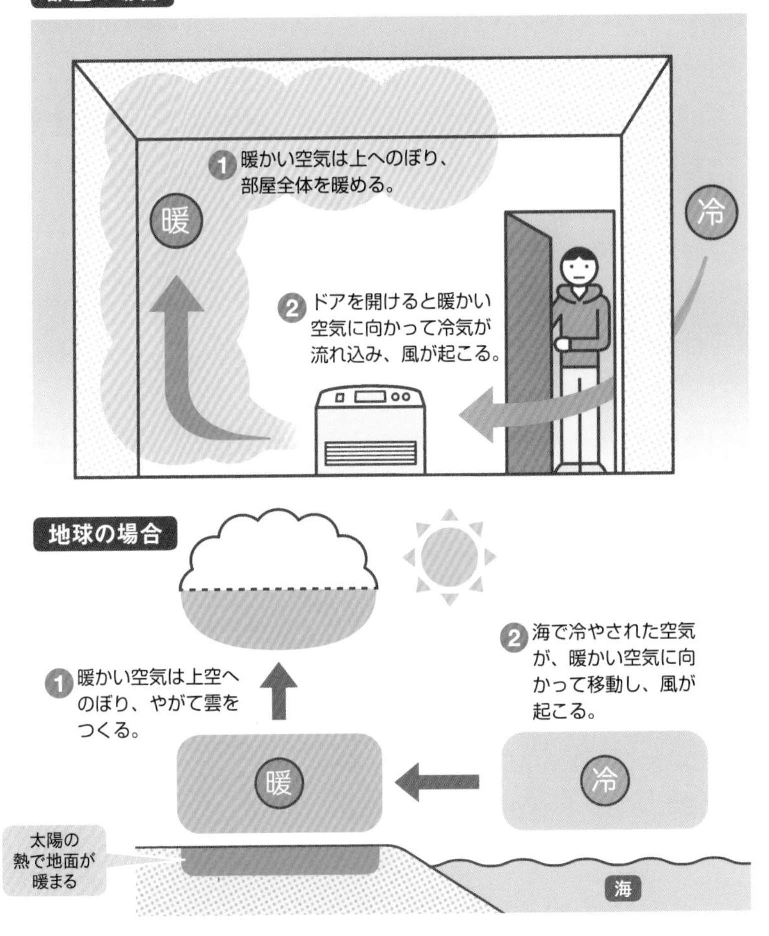

02 ［雲］ 「雲」はどうやってできている？

上空で**空気中の水蒸気が冷やされる**と、**水や氷の粒**ができて、雲が生まれる！

雲は、**空気のかたまりが上空へのぼり、冷えた水蒸気が水や氷の粒になることで生まれます**〔図1〕。くわしく見てみましょう。

雲は、地上から約11km上空までの**「対流圏」**という場所で生まれます。地上の空気が暖められたり、山の斜面に沿って風が吹いたりすると、地上から上空に向かって空気のかたまりが移動します。これを**「上昇気流」**と呼びます（➡P14 図2）。

上空に行くほど、気圧は下がります。例えば、地上から持ってきたポテトチップスの袋が山頂でパンパンにふくらむのは、袋のなかの気圧より、山頂の気圧のほうが低いからです。**上昇気流でのぼっていく空気のかたまりも、気圧が下がるほど膨張します**。

空気のかたまりは、上空に行けば行くほど、膨張するのと同時に、冷えていきます。気圧が下がって膨張しただけで、暖めて（外から熱を加えて）膨張したわけではないので、**「断熱膨張」**といいます（➡P15 図4）。このとき、空気中にただよう微粒子（凝結核や氷晶核）のまわりに空気中の水蒸気が集まり、水や氷の粒となってあらわれます。この水や氷の粒を**「雲粒（うんりゅう）」「氷晶」**といい、これらが無数に集まったものが雲の正体です（➡P15 図5）。

冷たい水が入ったコップを放置すると、コップの表面に水滴がつ

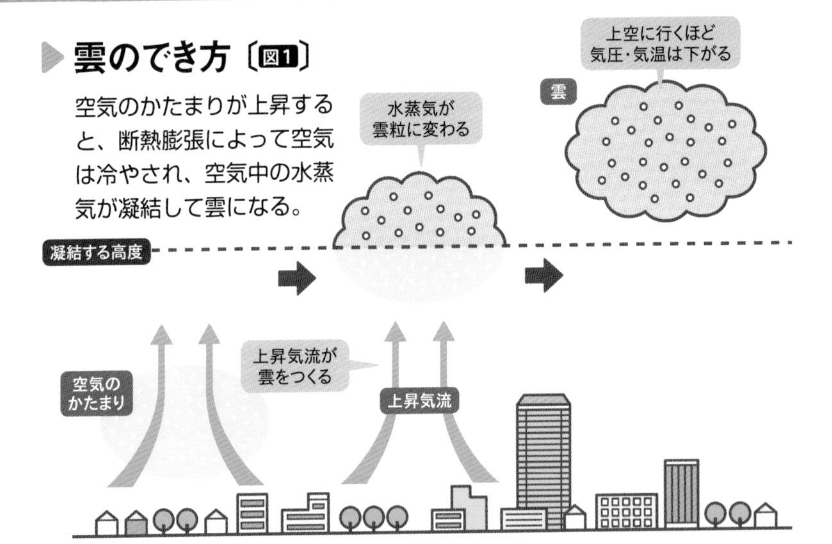

きますよね。これは、まわりの空気中の水蒸気が冷やされて、水滴となって目に見えるようになったものです。空気が含むことのできる最大の水蒸気の量は温度によって決まっていて、この量を**「飽和水蒸気量」**といいます（➡P14 図3）。空気が冷えると飽和水蒸気量は減るので、空気の含むことができなくなった水蒸気が水や氷の粒になってあらわれるのです。

同じことが雲の話にもあてはまります。**空気のかたまりが上昇すると、断熱膨張して冷たく**なります。すると**飽和水蒸気量はどんどん減り、空気中の水蒸気が水や氷の粒に変わって雲粒となる**のです。

冷えた空気中の水蒸気が水の粒になる現象を**「凝結（ぎょうけつ）」**、氷の粒になる現象を**「昇華」**といいます。ただし、空気をただ冷やしただけでは雲は生まれません。空気中の水蒸気が雲粒になるには、**「凝結核」「氷晶核」**と呼ばれる、空気中に浮遊するチリやほこりが必要です。この核もあってはじめて雲は生まれるのです（➡P15 図5）。

空気は上昇すると膨張して温度が下がる

上昇気流ができるおもな場所〔図2〕

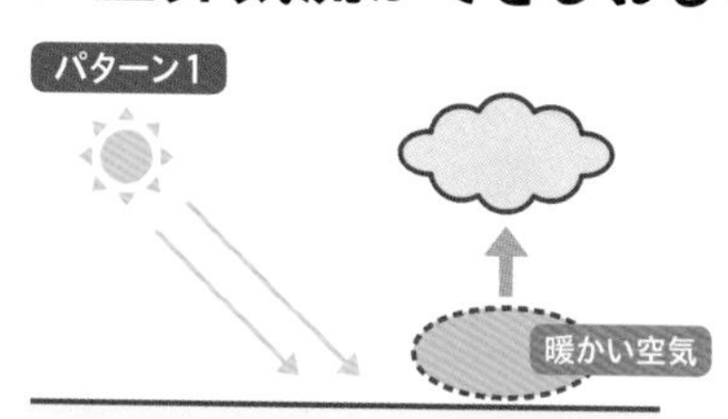

強い日差しで暖められた地面によって空気が暖まり、膨張し軽くなって上昇する。

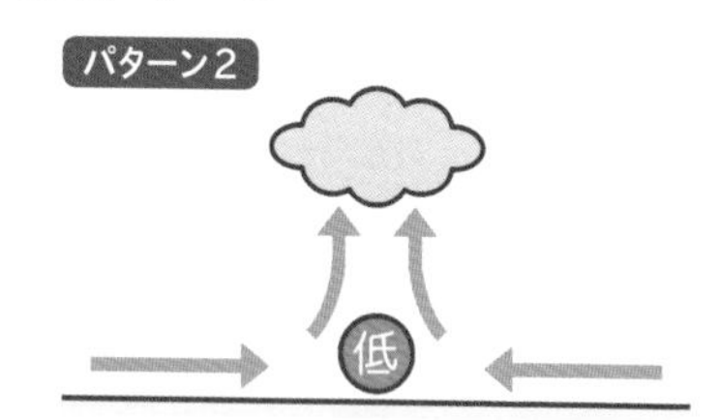

低気圧の中心に風が吹き込み、上昇気流が発生する。

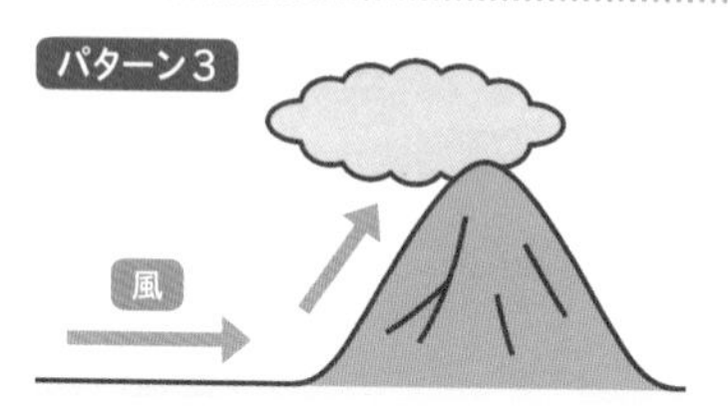

空気のかたまりが山にぶつかると、斜面に沿って上昇する。

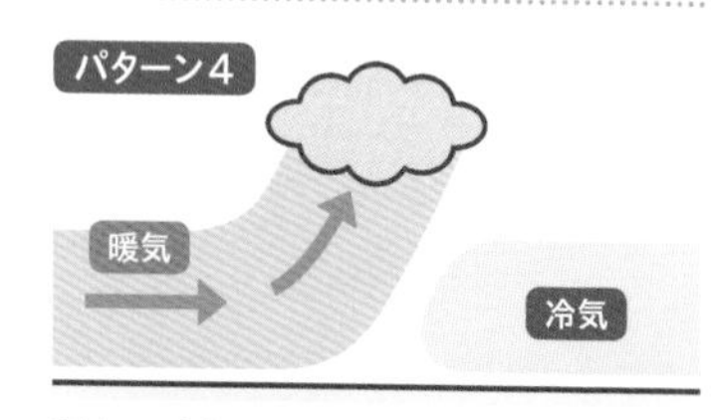

暖かい空気と冷たい空気がぶつかると、上昇気流が発生する。

飽和水蒸気量〔図3〕

空気が含むことのできる最大の水蒸気の量は温度によって決まっている。

❶ 氷の冷気で、コップの周りの空気が冷えると…

❷ 冷えて最大の水蒸気量を超えたため、水蒸気が水滴となってあらわれる。

断熱膨張とは？〔図4〕

空気のかたまりは上昇しながら膨張して気温が下がる。

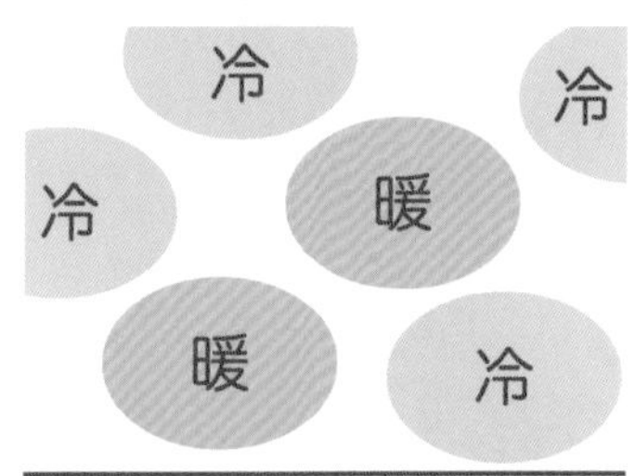

① 空気どうしは簡単には混ざりにくく、互いに熱を伝えにくい。

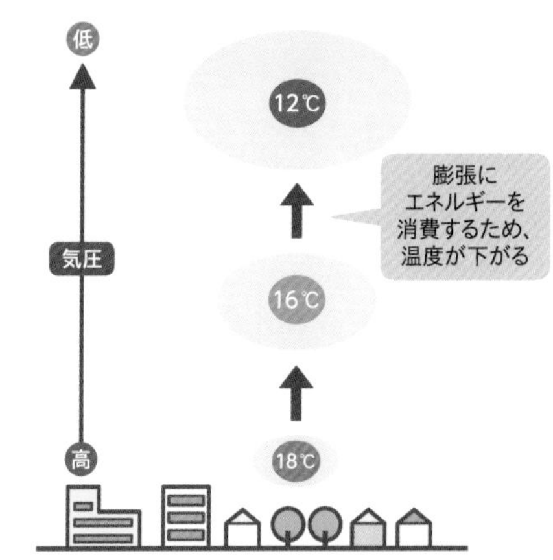

② まわりと熱のやり取りのない空気のかたまりは、上昇するとまわりの気圧が下がるため、体積が膨張する。

凝結核と水の粒〔図5〕

空気中の水蒸気が飽和すると、大気中に浮遊するちりやほこりのまわりに水蒸気が集まり、小さな水滴ができる。

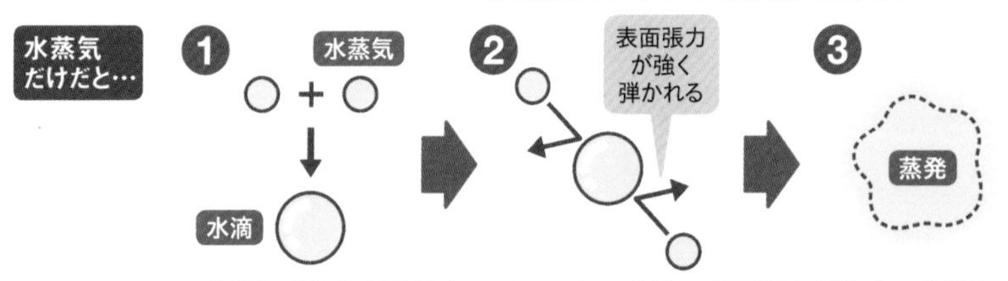

水蒸気どうしが水滴をつくっても、水滴の表面張力が強く、水蒸気が水滴に入り込めない。水滴は大きくなれず、やがて蒸発する。

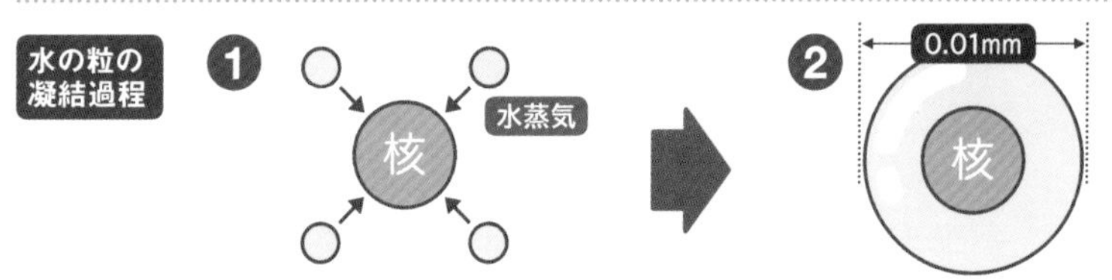

凝結核に、まわりの水蒸気が集まり、凝結核を中心とした水の粒（雲粒）ができる。

写真で見る空と天気 1

実は10種類！雲の形いろいろ

空に浮かぶ雲にはいろいろな形があります。国際的には、雲の形は10種類に分類されており、「十種雲形（じゅっしゅうんけい）」と呼ばれます。ここでは十種雲形それぞれの特徴を紹介します。

※雲のできる高さは中緯度地方での目安。

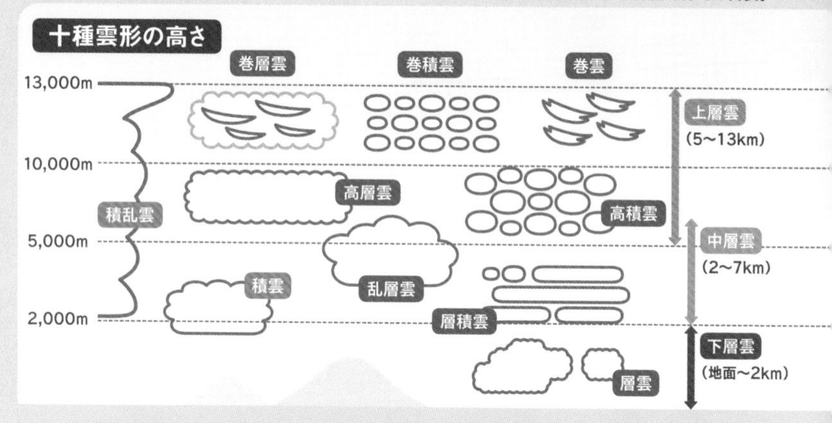

雲は、水平に広がる「層状雲」と、垂直に発達する「対流雲」の2つに大きく分けられ、さらに高さによって「上層雲」「中層雲」「下層雲」に分けられます。

ふわふわな綿「積雲」

白い綿のようなかたまりの雲で、「わた雲」とも呼ばれる。雲底は平らで高さがそろっている。発達すると塔状の積雲になり、雲頂が中層・上層に達することも。

対流雲

下層雲（600m~6km以上）

※写真提供／日本気象協会

強雨を降らす
「積乱雲」

大きな山や塔のように垂直方向に発達した雲で「入道雲」とも呼ばれる。短時間で発達し、強い雨、突風、雷雨などを突然引き起こす。

対流雲

下層雲（雲頂は圏界面まで）

霧状の雲
「層雲」

「きり雲」とも呼ばれる。灰色～白色の霧のような雲。雲の中で最も低い地上～600mくらいにあらわれる。地面が冷えたときに発生しやすく、霧雨を降らせることも。

層状雲

下層雲（地面付近～2km）

くもり空は
「層積雲」

「くもり雲」と呼ばれる。灰色～白色の大きなかたまりの雲。くもり空でよく見られる。雲は規則正しく並び、畑のうねに見えるため、「うね雲」とも呼ばれる。

層状雲

下層雲（地面付近～2km）

羊のような
「高積雲」

丸みのある雲のかたまりが規則的に並ぶ雲で、「ひつじ雲」と呼ばれたり、波打つようなものは「波状雲」(➡P55)とも呼ばれる。1年を通して見られる。

層状雲

中層雲(2~7km)

ぼんやり雲
「高層雲」

空を広くおおう、ベール状の灰色の雲。太陽や月が、すりガラスを通したようにぼんやりと見える。高層雲が直接雨を降らせることはないが、雨が降る兆しとなる。

層状雲

中層雲(2~7km)

どんより空
「乱層雲」

空を厚くおおう、暗く灰色の雲。雲の底は乱れて、比較的長い時間に渡って雨を降らせるため、「雨雲」とも呼ばれる。発達すると上層・下層まで広がる。

層状雲

中層雲(2~7km)

※写真提供/日本気象協会

すじ状の雲
「巻雲」

空の最も高いところにあらわれる雲。はけで描いたような形をするため「すじ雲」とも呼ばれる。高層にあるため、氷の結晶からできている。

層状雲

上層雲（5～13km）

魚のうろこ
「巻積雲」

小さなかたまりの雲が、規則的に並んで見えるため、「いわし雲」「うろこ雲」とも呼ばれる。秋を代表する雲。飛行機雲がこの雲に変化することも。

層状雲

上層雲（5～13km）

薄いベール
「巻層雲」

薄いベール状に広がる雲で「うす雲」とも呼ばれる。氷晶からできている。太陽や月のまわりに「ハロ（暈）」をつくる（➡P67）。天候が悪くなる兆しともいわれる。

層状雲

上層雲（5～13km）

03 ［雲］「飛行機雲」はなぜできるのか？

なるほど！ **飛行機のエンジンから出る水蒸気が、冷やされて雲の粒になるから！**

飛行機が通った後にできる雲は、どうしてできるのでしょうか？

飛行機のエンジンからは、水蒸気を含んだ排気ガスが出ます。飽和水蒸気量（➡P13）は温度によって決まっています。上空の大気は－40℃以下と冷たく、空気が含むことのできる水蒸気の量は少ないため、**エンジンから出た水蒸気は、排気ガスの中のチリなどを核として、氷の粒になります**（昇華➡P13）。これが飛行機雲の正体です〔右図〕。排気ガスの出る場所に雲ができるので、エンジンの数だけ飛行機雲はできます。飛行機のエンジンが２本なら、飛行機雲は２本できます。

上空の大気が安定していて、湿度がそれほど高くなければ、しばらくすると飛行機雲は消滅します。しかし、大気が不安定で湿度が高いと、飛行機雲はなかなか消えません。このことから、**「長い飛行機雲ができた後は、天気が崩れやすい」**という観天望気（➡P142）があります。

飛行機雲とは逆に、エンジンの通過したところだけ雲が消えて、青空がすじのように見える**「逆飛行機雲」**もあります〔右図〕。エンジンからの高温な排気ガスで、エンジンが通ったところの雲の粒が蒸発して見えなくなるという、珍しい現象です。

湿度によって飛行機雲の寿命が変わる

飛行機雲と逆飛行機雲のしくみ

飛行機雲

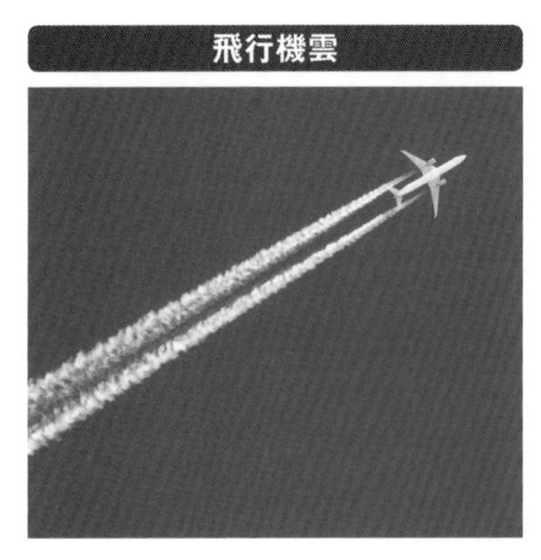

❶ 高温の排ガス中の水蒸気が大気にまかれると、大気が含みきれなくなった水蒸気が凍り、氷の粒が生じる。

❷ できた氷の粒が飛行機雲をつくる。飛行機雲は湿度が高いと長く残り、湿度が低いと消えやすい。

逆飛行機雲

❶ 飛行機のエンジンが通過した部分の雲が、高温の排気ガスで蒸発する。

❷ 飛行機が進むと、どんどん雲が蒸発・消滅して、空に青いすじができる。

04 ［雲］

「積乱雲」ってどんなもの？

高さ約11kmの**雷や雨をともなう大きな雲。**
25mプール1万杯分もの水を含んでいる！

積乱雲とは、雷や激しい雨をともなう大きな雲です。どのように生まれ、どのように消えていくのか、見ていきましょう〔右図〕。

暖かい空気とぶつかった冷たい空気が、勢いよく暖かい空気の下にもぐりこむと、暖かい空気による強い上昇気流が起こり、雲が生まれ、雲は上空に向かってぐんぐん成長します。これが積乱雲です。

積乱雲は、上空の大気が冷たく地上の大気が暖かい、いわゆる**「大気が不安定」**（➡P92）なときに発達します。上空が暖かいと、上昇してきた空気はもとの高さに戻ろうとします。しかし上空が冷たいと、上昇してきた空気はさらに高いところまでのぼり、積乱雲は巨大に発達していきます。

地上から高さ11kmの対流圏が、雲のできる限界（対流圏界面）です。これより上空の成層圏では空気にオゾンが多く含まれます。オゾンは太陽からの紫外線を吸収して熱を発生するため、大気の気温が上がるのです。そのため、成層圏では大気中の水蒸気は凝結できず、行き場をなくした雲は横に広がります（かなとこ雲）。

積乱雲からは、にわか雨が降ります。**大きく発達した積乱雲に含まれる水の量は、600万t**ともいわれます。これは25mプール（幅16m×深さ1.5m）1万杯分に相当します。

短時間で雨を降らし短時間で消滅

積乱雲の一生

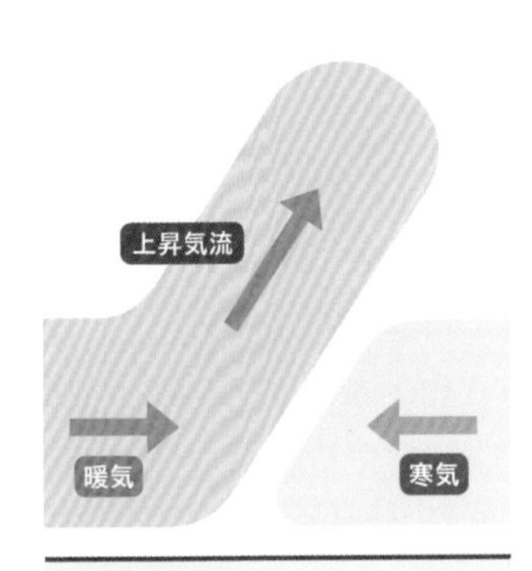

❶ 寒気が暖気の下にもぐりこむなどして、強い上昇気流が発生。

❷ 急激に上へ発達し、雲の中で水や氷の粒ができ、積乱雲が発達。

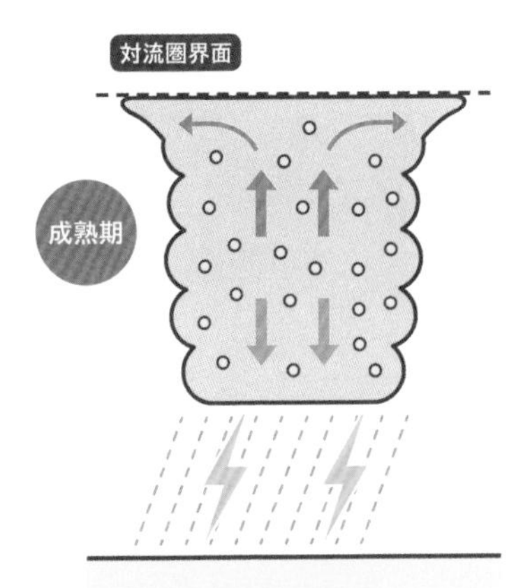

❸ 上昇気流は対流圏界面に達すると横へ広がる。下降気流が生まれ、にわか雨などが降る。

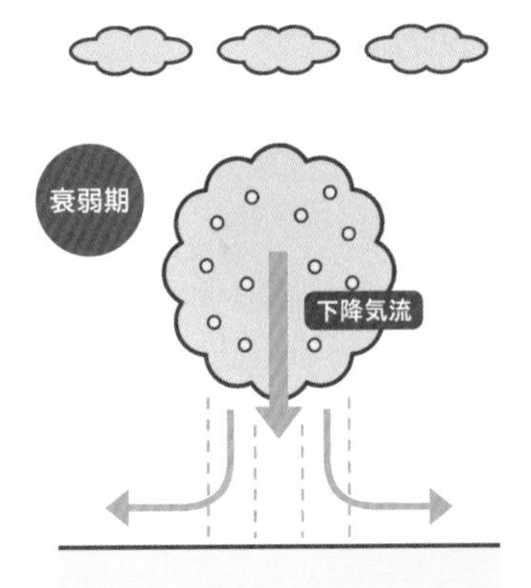

❹ 降水が強まると下降気流だけになり、発生から30分～1時間ほどで積乱雲は消える。

05 [雲] なぜ晴れた日の雲は白く、雨の日の雲は黒い？

太陽の光の「**散乱**」により、**雲の粒**に**当たる光の散らばり方が違い**、色が変わる！

天気のいい青空には真っ白な雲。一方、雨の日の空には、暗い灰色のどんより雲。同じ雲なのに、なぜ色が違うのでしょうか？

そもそも、モノが見えるのは、モノに当たった光が反射して目に届くからです。私たちの目に見える光は**「可視光」**と呼ばれ、光のもつ波長の違いにより、色が変わります。太陽の光には、赤や青などさまざまな色が含まれています。

雲は、透明な水の粒（雲粒）の集まりです。太陽の光は雲粒にぶつかると、ばらばらな方向に反射します。この現象を**「散乱」**といいます。**雲粒はさまざまな波長の光を散乱するため、それら光の色が雲の中で混じり合って、白い光に見えます**〔図1〕。これが、晴れた日の雲が白く見える理由です。ちなみに、雲で起きている散乱は**「ミー散乱」**といいます。

今にも雨が降りそうな雲や、すでに雨が降っている雲では、雲粒１つごとの大きさがより大きく、光を吸収しやすくなります。また、厚い雲は雲粒の密度が濃く、つまっているので、光が雲粒に当たっては散乱し、また当たっては散乱…をくり返します。このように**光が四方八方へ散りすぎるため、地上に届く光が減ります**。そのため、**地上から見上げる雲の底は、暗い灰色に見える**のです〔図2〕。

雲粒の大きさとつまり具合で変わる

白い雲の場合〔図1〕

太陽の光が雲粒にぶつかると、さまざまな波長の光が散乱して混じり合うため、雲は白く見える。

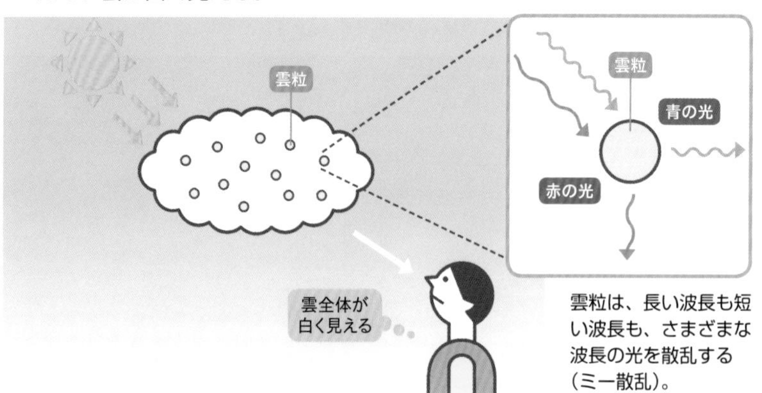

暗い雨雲の場合〔図2〕

雨雲は雲粒が大きく、雲粒の密度も大きい。光が散乱したり吸収されたりして、光を通しにくいため、暗い灰色に見える。

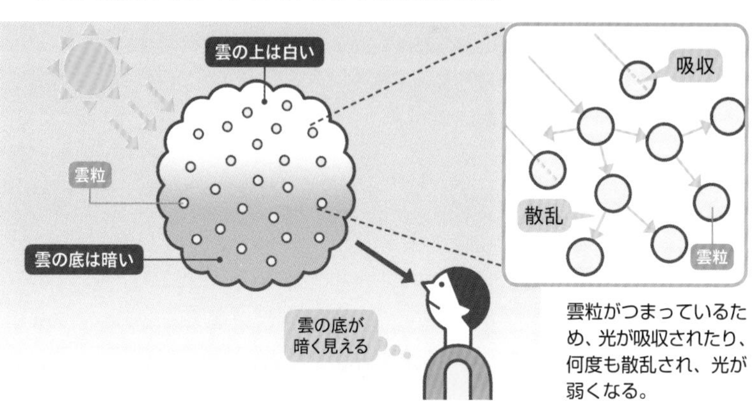

写真で見る空と天気 2

見かけたら注意！迫力ある積乱雲

突然の雷雨、突風などを引き起こす積乱雲。その中でも珍しい姿の積乱雲を紹介します。

巨大な積乱雲「スーパーセル」

回転する上昇気流により発生する小規模な低気圧（メソサイクロン）をともなう巨大な積乱雲。ふつうの積乱雲の数倍～数十倍の大きさに発達する。巨大なひょう、激しい雨、強い下降気流（ダウンバースト）、雷や竜巻などの激しい気象現象を発生させ、持続時間も数時間と長い。

スーパーセルは、雷や竜巻をともなうこともある。

飛び出るアタマ「オーバーシュート」

積乱雲の平らな雲頂の、さらに上に雲が盛り上がる現象。ふつう、積乱雲は圏界面（➡P23）以上には発達しないが、積乱雲の上昇気流が強いと、圏界面の限界を突破する。

アタマが平ら「かなとこ雲」

発達した積乱雲の雲頂が圏界面まで達し、この付近の強風のよって横に広がった形をしたもの。金属加工で使われる作業台「金床（かなとこ）」に似ているため、「かなとこ雲」と呼ばれる。

頭巾のような「ベール雲」

積乱雲が上空に向けて発達するとき、雲頂のすぐ上に薄く広がるベールのような雲。「頭巾雲」とも呼ばれる。湿度の高い空気が、積乱雲に押し上げられるときに凝結して発生する。

明日
話したくなる
天気
の話
1

実は危険？積乱雲の中の世界

綿あめのような雲。誰でも雲に乗りたい、触りたいと考えたことがあるのではないでしょうか。ですが、**雲は何十億もの水の粒が集まって空に浮かんでいるものなので、水と同じように雲の上には立てません**。また、触ったとしても、やかんから出る湯気や霧のような感触です。しかし、雲の中でも積乱雲の中は、まったく異なる世界が広がっています。

積乱雲は高さ約11km、幅は数〜十数kmの巨大な雲。ひょうが渦巻き、稲妻が飛び交い、息ができないほど水の粒が浮かびます。

雲の上の部分の気温は－40℃以下、気圧は地上の4分の1になります。中心部には激しい上昇気流、その周りには強い下降気流が吹き荒れ、飛行機を破壊するほどの力をもちます。そのため、生身の体で飛び込んだら、ただではすみません。

実は、**積乱雲の中に、約40分間も閉じ込められた人がいます。**アメリカの戦闘機乗りウイリアム・ランキン少佐は、高度14kmで飛行機が故障し、パラシュートで脱出したところ、積乱雲の中に飛び込んでしまったのです。彼は、極端に低い気圧によって目や耳から出血し、激しい上昇気流に酔い、すさまじい雨におぼれそうになり、凍傷に苦しみ、ひょうにより打撲し、稲妻に死を覚悟した…という壮絶な体験記を残しました。

パラグライダーの競技大会では、積乱雲の真下を通ったときに上昇気流で10kmも舞い上げられたり、積乱雲に吸い込まれ落雷にあって命を落としたりした選手もいました。飛行機も積乱雲を念入りに避けて飛びます。それほど**積乱雲の中は危険な世界**なのです。

積乱雲の中はこんな世界

06 ［雲］「雷」はどうやって発生するのか？

積乱雲の中で**氷の粒がぶつかり合って**起きた、**静電気**が雷の原因！

ドアノブに手をかけたときにパチッとくることがあります。これは、＋の電気がたまった指と、－の電気がたまったドアノブの間に電気が通るから。指やドアノブのように、＋か－に電気がかたよった状態を**「静電気」**、電気が通る現象を「放電」と呼びます。雷はこれと同じ現象で、**積乱雲の中の静電気によって起きた放電**です。ここでは夏の雷に多い下向きの落雷のしくみを見ましょう〔右図〕。

積乱雲の中では、激しい上昇気流が起こっています。そのため、**落下する氷の粒と、上昇気流によって吹き上げられた氷の粒がこすれあいます。このとき静電気が発生して、小さな氷の粒は＋の電気、大きな氷の粒は－の電気**をもちます。

氷の粒は、上昇気流や重力によって上下に分かれて、雲の中で電気がかたよります。積乱雲の中は、上から＋、－、＋の**「三極構造」**となり、電気のかたよりをなくそうと、－の電気をもつ氷の粒がじりじり地上に近づいていきます。

－の電気をもつものが近づいたことで、地上には＋の電気が集まります。そして、**雲の－の電気と地上の＋の電気がつながると、一気に電気が通り、落雷となります**。雷が光る一瞬に、実は雲と地上の間を、電気は上下に何往復もします。

氷の粒が静電気を起こして雷が起きる

雷のしくみ

積乱雲の中で、氷の粒にたまった静電気によって、雲と地上の間に電気が通る現象。

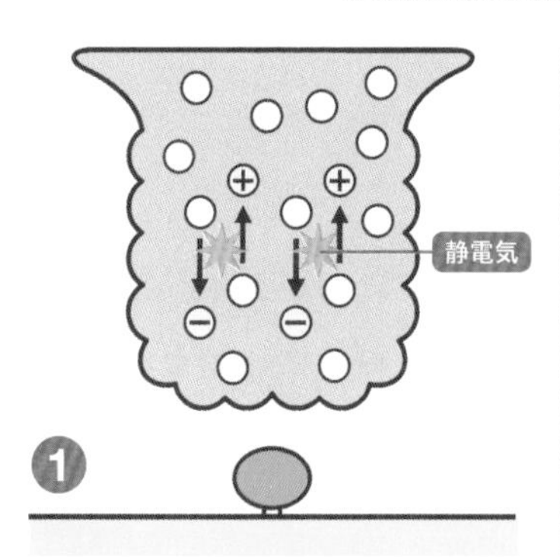

雲の中で氷の粒がぶつかって、粒に静電気がたまる。

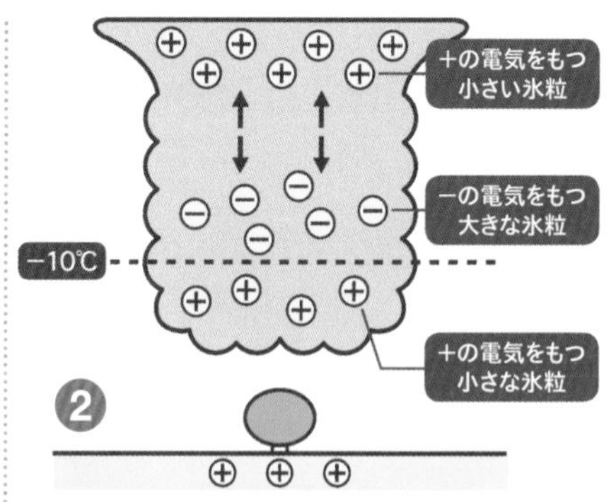

上昇気流や重力により、+の電気をもつ粒と−の電気をもつ粒に分かれ、電気がかたよる（三極構造）。

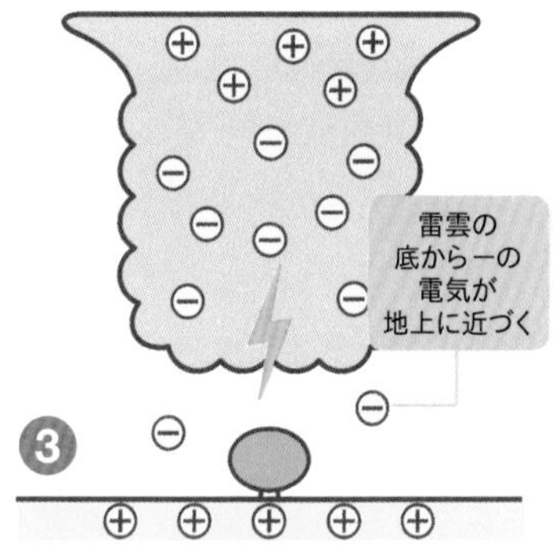

雲底に−の電気がたまると、徐々に地面に+の電気があらわれる。かたよった電気のバランスをとろうと、雲の−の電気が地上に近づく。

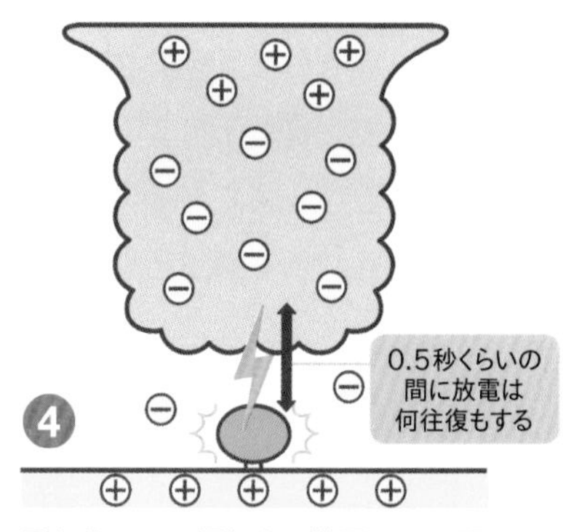

雲からの−の電気と、地面の+の電気がつながると一気に電気が通り、落雷に。１回の落雷で、上向きの雷と下向きの雷が複数回起きる。

※図は、夏の雷に多い「負極性の下向き落雷」の解説。

07 ［雨］ どうして「雨」は降り注ぐのか？

なるほど！

雲の中の水や氷の粒が成長し、雨になる。
雨には「**暖かい雨**」と「**冷たい雨**」がある！

雲から降り注ぐ雨。どのようなしくみなのでしょうか？

実は雨には２種類あり、「暖かい雨」と「冷たい雨」があります。**熱帯地方で降る雨は「暖かい雨」**で、**日本で降るほとんどの雨は「冷たい雨」**です〔図1〕。

暖かい雨は、雲をつくる小さな雲粒（水の粒）が大きな雨粒へ成長して、雨となるものです。**雲粒が落下する間にほかの雲粒を吸収してどんどん成長し、雨粒となって地上に降り注ぎます**。

冷たい雨は、雲の中で大きく成長した氷の粒（氷晶）が落ちてきて雨となるもの。**雲の0℃以下の部分にある氷晶が、落ちてくる間に溶けて、雨粒となる**のです。ちなみに、溶けないまま落ちていけば、雪となります（➡P40）。

雨粒は、よく頭がとがった形に描かれますね。しかし、実際の雨粒はとがっていません。**小さい雨粒は球に近い形で、大きい雨粒はまんじゅうのような形**になります。空気が下から押し上げる（空気抵抗）ので、球をつぶしたような形になるのです〔図2〕。

雨粒どうしがぶつかってくっつくと大きくなりますが、大きくなり過ぎると空気抵抗に負けてバラバラになります。小さい雨粒、大きい雨粒が混じった状態で、雨は降ってきているのです。

日本で降るのはほとんどが「冷たい雨」

暖かい雨と冷たい雨〔図1〕

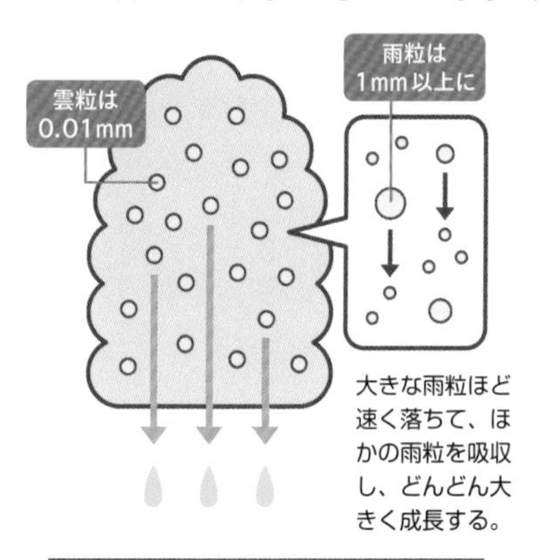

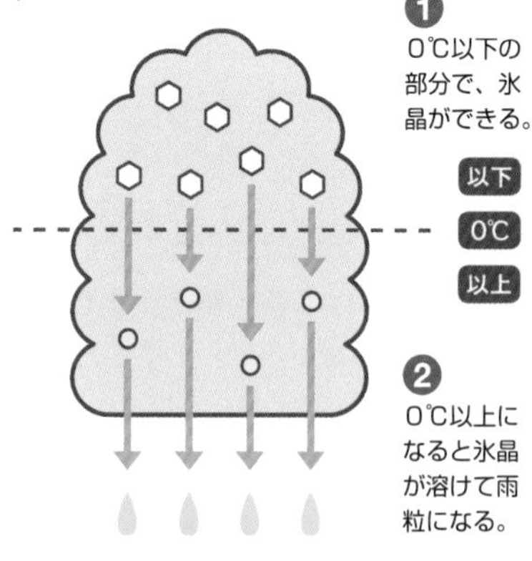

暖かい雨

熱帯地方などで降る雨で、スコールなどがこれにあたる。小さな雲粒が大きな雨粒に成長し、落ちてくる。

冷たい雨

日本で降る雨のほとんどがこのタイプ。雲粒が氷晶に成長し、溶けて雨粒になり、落ちてくる。

雨粒はどんな形?〔図2〕

雨粒はとがっておらず、球やまんじゅうのような形をしている。雨粒はいくらでも成長できるわけではない。落下のとき、空気抵抗などでばらばらになるため、地上では直径8mm以上の雨粒は観測されない。

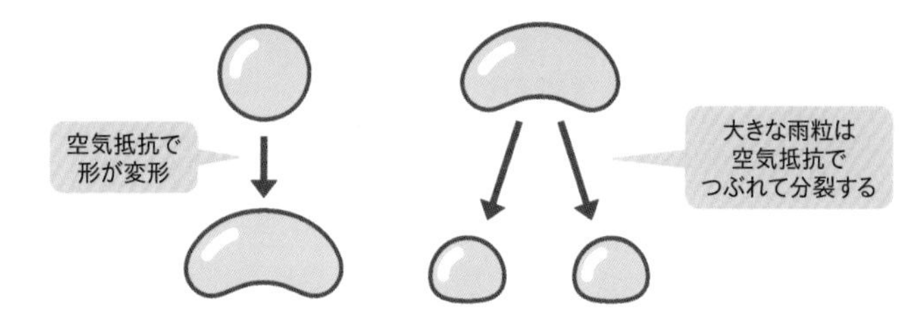

もっと知りたい！
選んで天気
①

Q 独特な雨のにおい。どこから発生している？

濡れた人の体 or 濡れた地面 or 水のにおい

雨が降る前や降った後に、どこからともなく独特なにおいがしてきますよね。私たちはそれを「雨のにおい」と感じていますが、このにおいは、おもにどこから発生しているのでしょうか？

雨のにおいの原因は、いくつかあります。

1つ目は、**植物由来の油のにおい**。長く乾いた期間に、ある種の植物は油を出す性質があります。この油が地面にたまり、そこに雨粒があたると空気中に放出され、においを生じます。

2つ目は、**バクテリア由来のにおい物質「ゲオスミン」**。私たちが「土のにおい」と感じるにおいです。土の中にいるバクテリアはゲオスミンという化学物質を出します。地面に雨粒があたると、この物質が空気中に放出され、におうのです。実は、人の嗅覚はゲオスミンを敏感に感じとります。ずっと昔から、雨のにおいが生き残るために重要だったから、敏感になったのかもしれません。

3つ目は、**オゾンのにおい**です。雷雨などで、大気中にオゾンが発生します。ふだん上空にあるオゾンは、特徴的なにおいがします。これが雨粒で地面へ運ばれ、雨のにおいの原因となるのです。

私たちは、この3つのにおいを「雨のにおい」として感じ取っているのです。オゾンは空気のにおいですが、植物油、ゲオスミンは地面からのにおいです。なので、答えは「濡れた地面」です。

雨が降った後に感じるにおいは、「ペトリコール」と呼ばれます。ギリシャ語の「ペトラ（石）」＋「イコル（神々の静脈を流れる空気のような液体）」を合成した言葉です。オーストラリアの鉱物学者ベアとトーマスが名付け、このにおいを「長く乾燥した天気の後の、最初の雨にともなう心地よい土のにおい」と表現しました。

3つの「雨のにおい」

植物由来の油

地面にたまった、ある種の植物が分泌する油のにおいが「雨のにおい」。

ゲオスミン

土の中にいるバクテリアが分泌するゲオスミンという物質が「雨のにおい」。

オゾン

稲妻などで大気に発生したオゾンの特徴的なにおいが「雨のにおい」。

狐の嫁入り、サルの結婚式…「天気雨」の呼び名としくみ

太陽が出ているのに、なぜかパラパラと雨が降ることがありますね。これは**「天気雨」**と呼ばれる現象です。**「晴れている」のに「雨が降る」**という矛盾した天気ですが、この不思議な天気雨が起こるパターンは、いくつかあります。

１つ目は、雨粒が風で飛んでくるパターン。遠くの雲から降る雨が強風で流されて、雲のない場所に吹き込み、天気雨になります。例えば、風に流されて雨雲が山を越えるとき、断熱変化（➡P60）により雨雲が消えてしまいます。すると、残った雨粒だけが風に乗

天気雨になる2つのパターン

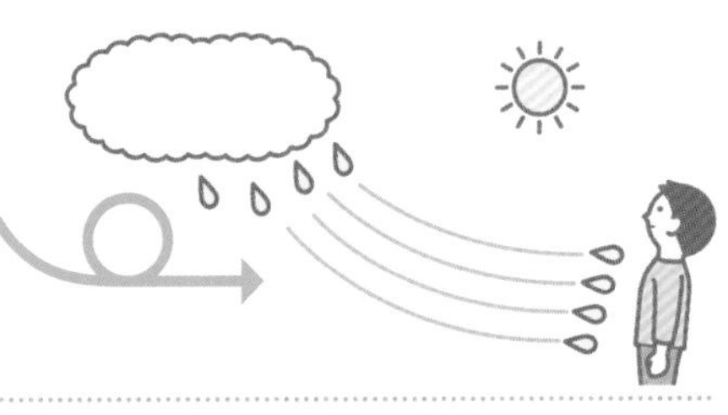

❶ 遠くの方で降っている雨粒が強風に飛ばされて、雲のない場所に吹き込むパターン。

❷ 地上に雨が落ちてくる前に雨雲が消えてしまい、雨粒だけ降ってくるパターン。

って飛んできて、天気雨をもたらすことがあるのです。

２つ目は、**雨粒が地面に届く前に、その雨を降らせた雨雲が消えてしまうパターン**。雲の中で雨ができて地面へ落ちてくるまでに、数分かかることがあります。その間に雲が風で流されたりすると、上空が晴れて、天気雨になるのです。

天気雨には**「狐の嫁入り」**という変わった名前がついています。あまりに不思議な天気なので、まるで狐に化かされているように感じるから…という由来です。また、国によっては、「オオカミの結婚式」（フランス）、「サルの結婚式」（南アフリカ）、「サルの誕生日」（イギリス）、「ゴリラの結婚式」（ギリシャ）などと呼ばれます。

ちなみに、晴れているのに雪が舞う現象は**「風花（かざはな）」**といいます。遠くの山で降る雪が、山を越える風に乗って飛んでくるのです。舞う雪がまるで花びらのように見えることから、このように呼ばれるのでしょう。

08 ［雨］ 急な大雨の理由は？「夕立」と「ゲリラ豪雨」

なるほど！ 「夕立」と「ゲリラ豪雨」は**同じもの。**
一時的に降る、**局地的なにわか雨**！

「夕立」と「ゲリラ豪雨」は、実はどちらも同じ現象。**一時的に降る強いにわか雨のこと**を指します。夕立の語源はいろいろあり、雷をともなう急な雨を「彌降(いやふ)り立(た)つ雨」と呼び、それが「やふたつ」→「ゆうだち」と転じたようです。夏の午後、地上が暑くなると、上空との気温差は大きくなります。すると、上昇気流が起きて積乱雲ができ、雨が降ります。これが夕立です。**しかし近年、時間帯に限らず一時的に強い雨が降って災害に結びつくことも多く、夕立の代わりに「ゲリラ豪雨」という表現が使われるようになりました。**

夕立を降らせる積乱雲の寿命は短く、だいたい30分～1時間ほど。また、積乱雲の横方向の広がりは数km～十数kmと狭いため、移動する積乱雲が真上にくると突然雨が降り、過ぎ去るとパタッとやみます〔図1〕。夕立の時間は短く、非常に雨が強いので、**「短時間強雨」**と呼ぶこともあります。また、雷が起こることもあります。

積乱雲が集団をつくることも多いです。発達初期、最盛期、衰退期など、**各世代の積乱雲が集まっていっしょになると、その分寿命は長くなり、降雨時間や雨量が増えます**。これを**「マルチセル型雷雨」**といい〔図2〕、同じ場所で数百mmの雨が降る集中豪雨になり、道路や家屋などが浸水し、大きな被害が出ることもあります。

夕立・ゲリラ豪雨は積乱雲から生じる

夕立を降らせる積乱雲のしくみ〔図1〕

夕立・ゲリラ豪雨とは、積乱雲が降らせるにわか雨。

1 日差しの熱などが上昇気流を生み、急激に積乱雲が発達。

2 積乱雲は移動し、強い雨を降らせる。

3 積乱雲は移動もしくは消滅し、雨が止む。

マルチセル型雷雨のしくみ〔図2〕

マルチセル型雷雨とは、複数の積乱雲が降らせる集中豪雨。

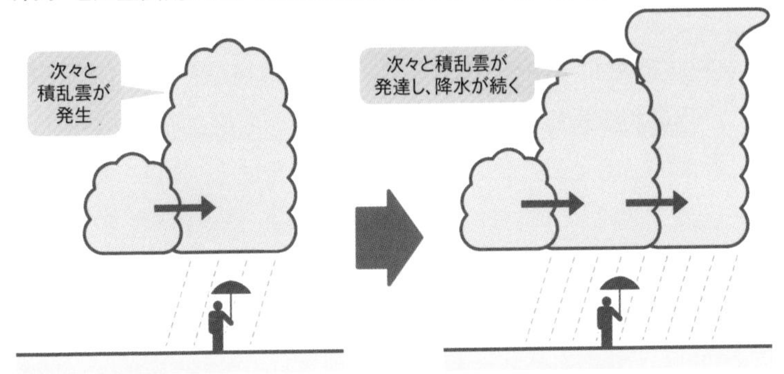

1 次々と積乱雲が発生し、さまざまな種類の積乱雲が集団をつくる。

2 積乱雲は風に流されるなどして移動し、同じ場所で降水が続く。

09 ［雪］ 「雪」はどうやって降ってくる？

なるほど！ 氷晶が成長し、**重くなって落下**。雨になるか雪になるかは、**気温と湿度**による！

雪は、なぜ降ってくるのでしょうか？　**雲の中の「氷晶」が成長して落ちるところまでは冷たい雨**（➡P32）**と同じ**です。落ちるときに氷晶が溶ければ「冷たい雨」、溶けなければ「雪」になります。

そもそも、雪のもととなる**「氷晶」**はどうやってできるのでしょうか？　材料は氷晶核と、0℃以下でも液体のままの**「過冷却水滴」**。0℃以下の雲の部分で、雲粒（水の粒）はすぐ凍ってしまいそうですが、小さな水滴はゆっくり冷えていくと、まわりの温度が－20℃になっても、凍らず液体の水のままで存在します。

この過冷却水滴が、雲の中に浮かぶ微粒子（氷晶核）に入り込むなどすると、氷晶ができます。氷晶は、まわりの水蒸気を取り込んだり、雲粒にぶつかったりして、大きく成長していくのです〔図1〕。

氷晶が成長して「雪」になる条件は、温度と湿度が関係します。雪が降る地上の気温は、日本海側の場合は2～3℃、太平洋側の場合は1～2℃といわれています。しかし、気温が4℃と高くても**湿度が低ければ、雨よりも雪が降りやすくなります**〔図2〕。

湿度が低いと雪の表面から気化熱（液体が蒸発するときに吸収する熱）が奪われます。その結果、雪片が冷やされるため、溶けにくくなって、雪になるのです。

氷晶が溶けずに落ちると雪になる

氷晶とは？〔図1〕

雲の中で氷晶は生まれ、成長する。地上に落ちるまでに氷晶が溶けると冷たい雨になり、溶けなければ雪になる。

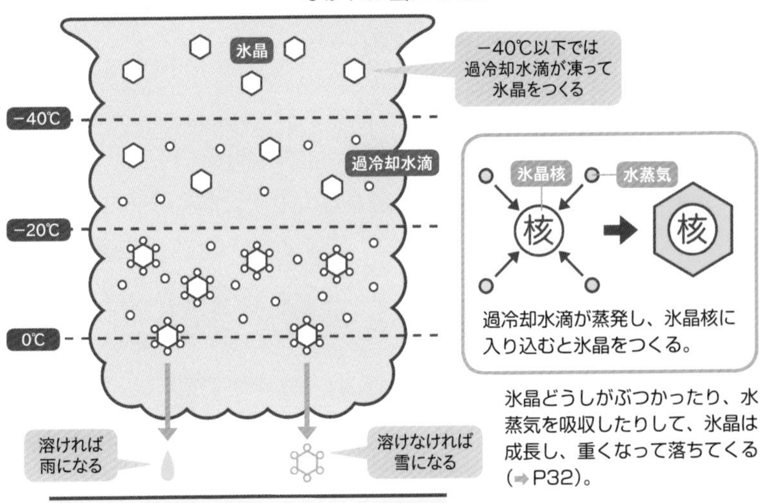

氷晶どうしがぶつかったり、水蒸気を吸収したりして、氷晶は成長し、重くなって落ちてくる（➡P32）。

雪と雨の降りやすさ〔図2〕

雪になるか雨になるかは、気温と湿度による。

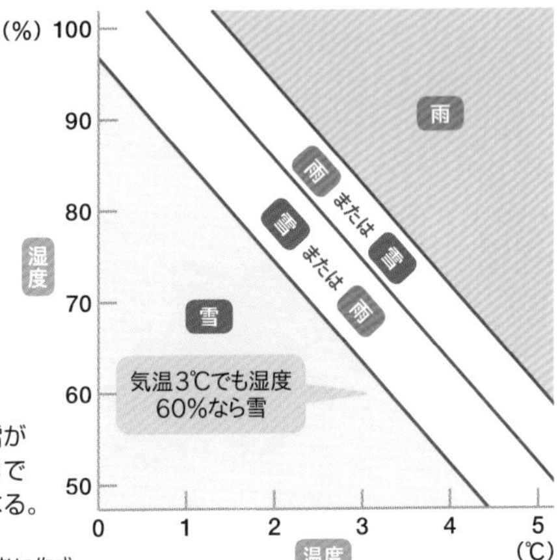

気温と湿度が低いほど雪が降りやすいが、気温3℃でも湿度が低ければ雪になる。

※図版は気象庁「量的予報技術資料」などを参考に作成。

10 ［雪］ 「雪の結晶」はなぜ六角形になる？

水の分子は、テトラポッドがつながったような形で氷になるから！

雪の結晶にはいろいろな種類がありますが、実はすべて六角形です。これは、水の分子の形によるものです。水の分子は、H_2O。酸素（O）原子１つと、水素（H）原子２つがくっついた構造です。酸素に対して、２つの水素がななめについています。

液体の水が固体の氷になるとき、ななめについた水素が、となりの酸素にゆるくつながる**「水素結合」**をします。この結果、**テトラポッドがつながったような、立体的ですき間の多い六角形の構造ができる**のです〔図1〕。

六角形の極めて小さな氷の粒が「氷晶」です。氷晶に、「過冷却水滴（➡P40）」から蒸発した水蒸気がくっつくことで、雪の結晶として成長していきます。

雪の結晶は、気温と湿度によってさまざまな形になります〔図2〕。側面方向に成長した**「角板状の結晶」**や、底面方向に成長した**「角柱状の結晶」**があります。また、氷晶の角に空気中の水蒸気がどんどんくっつくと、きれいな樹枝状の形になります。このように、雪の結晶は、上空の気温や湿度を目に見える形で知らせてくれるものでもあります。世界で初めて人工雪をつくった物理学者の中谷宇吉郎氏は、「雪は天からの手紙」と表現しました。

気温と水蒸気量の違いで形が変わる

雪の結晶が六角形になる理由〔図1〕

水は凍ると、となり合う水分子どうしで結合していき、テトラポッドのような正四面体になり、六角形を形作っていく。

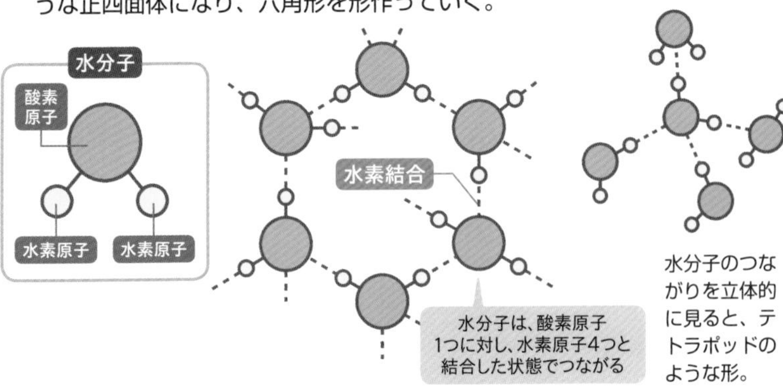

雪の結晶と気温・湿度の関係〔図2〕

氷晶は、気温と湿度（水蒸気量）によって、雪の結晶の形が変わる。

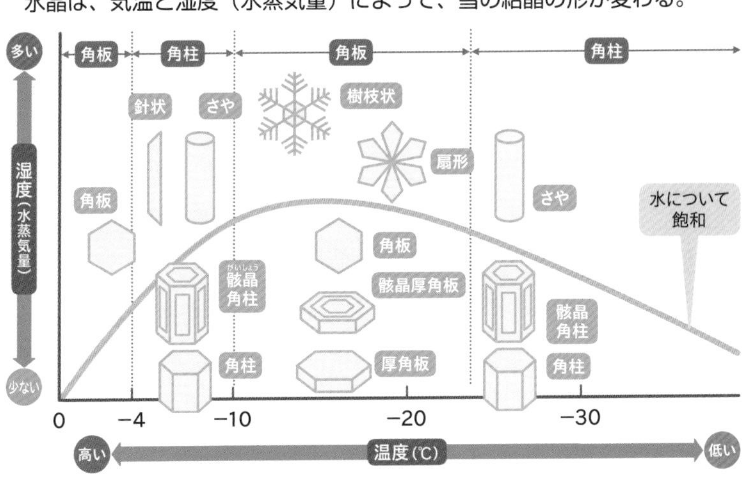

※図版は中谷ダイヤグラム、、小林ダイヤグラムを参考に作成。

11 ［雪］

なぜ氷が空から降る？「ひょう」「あられ」の正体

なるほど！

回転しながら落ちて**球体になった氷晶**が、**雲の中を上下**して大きくなって降ってくる！

天気が悪くなったと思ったら、突然氷が降ってくる…。この氷は、直径５mm未満なら**「あられ」**、直径５mm以上なら**「ひょう」**といいます。

ひょうやあられは、大気の状態が不安定な、上昇気流が強い積乱雲で生まれます〔図1〕。大きくなって落下してきた氷晶は回転して球体となり、0℃以上のところを通るときに、その表面は溶けて水になります。

その後、上昇気流に乗って０℃以下のところまで戻されると、表面の水が再び凍ります。そして、また表面に雲粒（過冷却水滴）がつき、大きくなって落下。上昇気流が強ければ、また上へ戻ります。これをくり返し、氷晶はあられ、ひょうへと成長していきます。

ちなみに、雲粒がついて凍ったところは白く、表面の水が凍ったところは透明になります。このため、**ひょうの断面は木の年輪のような模様になる**のです〔図2〕。

ひょうは、カボチャくらい大きくなったこともあります。これほど大きなひょうだと、地上に落ちるときの速さが時速100kmを超えることもあります。当たって負傷するのを防ぐため、ひょうが降ってきたら屋内に避難するようにしましょう。

直径5mm以上の氷の粒が「ひょう」

ひょうの発生〔図1〕 ひょうは、積乱雲の中を上下して成長する。

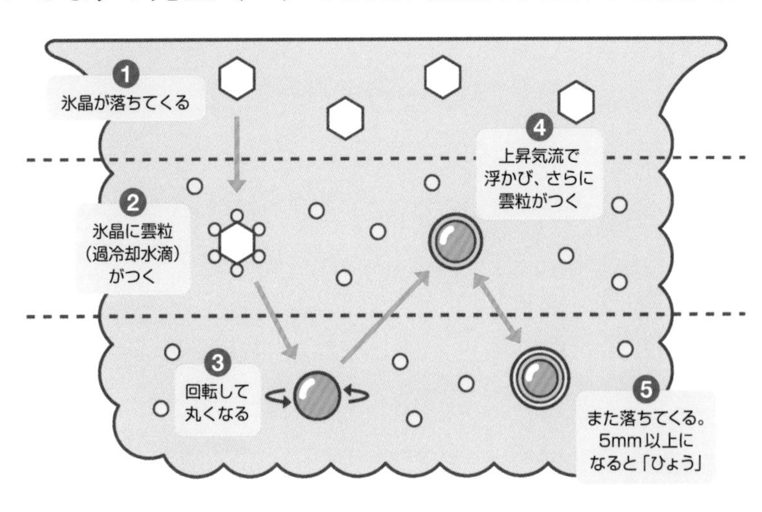

ひょうの断面〔図2〕

ひょうの断面は、木の年輪のような模様になっている。

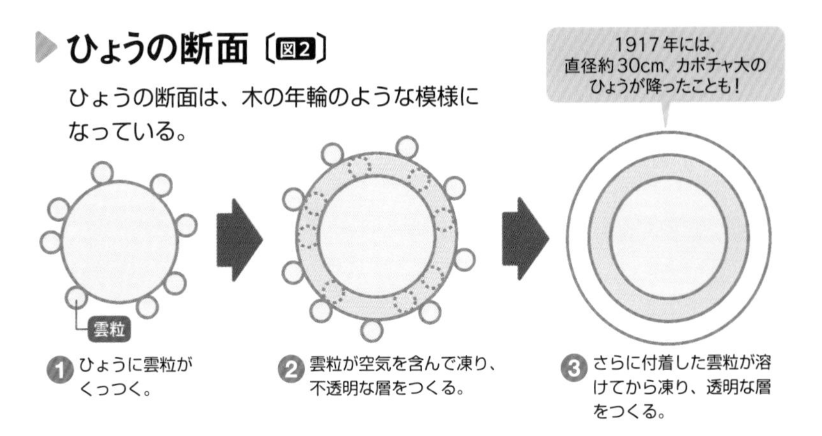

1 ひょうに雲粒がくっつく。

2 雲粒が空気を含んで凍り、不透明な層をつくる。

3 さらに付着した雲粒が溶けてから凍り、透明な層をつくる。

写真で見る空と天気 3

いつかは見たい！神々しい空の光景

出会ったらきっと心を奪われてしまう、光がつくりだす幻想的な空の景色を紹介します。

影を包み込む虹「ブロッケン現象」

山などで、自分の背後から太陽の光が差し込むと、自分の影のまわりに虹のような光の輪があらわれる現象を「ブロッケン現象」と呼ぶ。影の側にある雲の粒や霧で太陽の光が回折（➡P66）することで生じる。運がよければ、飛行機の窓から、虹の輪に包まれる飛行機の影が見られることも。

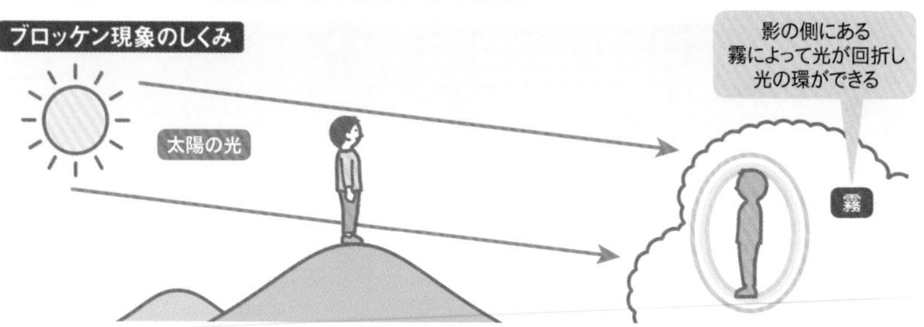

やさしい光のリング
「光環」

太陽や月に薄い雲がかかったとき、まわりにあらわれる色のついた光の環。雲粒によって光がぼやけて見えるようになる。環の外側が赤みがかって見える。

氷点下の芸術
「細氷」

気温が－10℃以下になると起こる現象。空気中に含むことができなくなった水蒸気が氷の粒となり、この粒に太陽の光が当たって、光の柱のように輝く。

絵になる
「天使の梯子」

雲の切れ間から、光線が放射状に広がる現象。天から地上に伸びる光の梯子のように見えることから「天使の梯子」と呼ばれる。早朝や夕方によく見られる。

明日話したくなる
天気の話
3

都市伝説？　事実？
沖縄に降る雪の話

沖縄（那覇）は年の平均気温が約２３℃と温暖な気候で、１月の平均気温は１7.3℃と、冬も寒くならないのが大きな特徴です。沖縄の冬は、曇りや雨の日が多いのも特徴です。日本のほかの地域と同じく、西高東低型の冬型の気圧配置によって、北から季節風が吹き、沖縄にもシベリア高気圧からの寒気が流れてきます。季節風が暖かい海上を通るとき、空気が暖められて水蒸気をたくわえます。そのため雲が発生しやすく、沖縄の島々をおおうのです。

さて、このように雪とは縁がなさそうな沖縄ですが、雪が降ることはあるのでしょうか？　**実は現時点で、沖縄に降雪の記録が２回あります。**

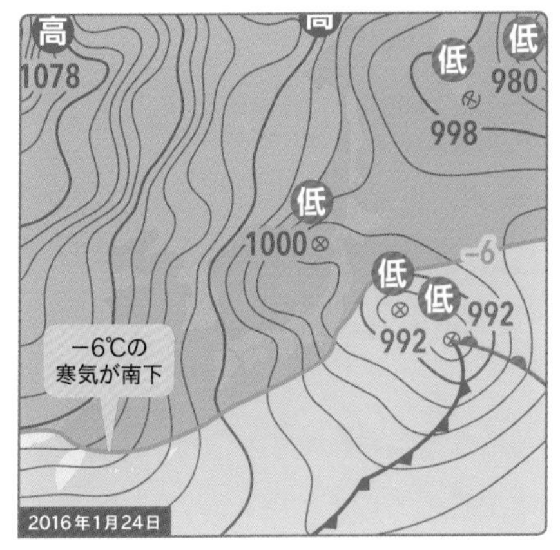

沖縄に雪が降った日

この日は強い寒気が西日本上空に流れ込み、九州の49地点で真冬日（最高気温が0℃未満）、長崎には17cmの雪が積もった。

1890年に、沖縄に気象台が設置され、**初めての降雪は1977年2月17日**。久米島で、みぞれ（雪と雨が混じったもの）を観測しました。当時の日本列島は大寒波におおわれました。沖縄も冷え込み、久米島の最低気温は6.7℃。記録によると深夜0時半ごろに5分ほど、みぞれが降ったそうです。

2回目は2016年1月24日。久米島と沖縄本島の名護市で、みぞれを観測しました。西日本上空に強い寒気が流れ込み、久米島の最低気温は5.2℃、名護市で5.5℃と、異常な寒さを記録。久米島では午後10時ごろからみぞれが降りました。

一般的に**雪を降らせる要素は、上空1,500mの気温、地上の気温、湿度です**（➡P40）。どちらの年も、奄美大島付近の上空1,500mに－6℃の寒気が流れ込んできて、これが1つの原因となったと見られます。

ちなみに、日本の最南端の小笠原諸島では、まだ雪が降ったことはありません。

12

［天気予報］

晴れ、雨、くもり…「天気」はどう決める？

空の様子「**大気現象**」を観察し、雲の量「**雲量**」を見て決めている！

「今の天気は晴れ」などとニュースで言われますが、現在の天気は何をもとに判断され、決まっているのでしょうか？

気象庁では実際の空の様子を観測し、雨や雪などの**「大気現象」**と**「雲の量」**から判断して、天気を決めています。

まず、**大気現象があるかどうかを目視や気象測器で観測**します。雨が降っていれば「雨」、雪が降っていれば「雪」と単純な基準で決まります〔図1〕。

大気現象がない場合、**「雲量」から「晴れ」や「くもり」が判断されます**。雲量とは、雲がまったくないときを0、雲が空全体をおおうときを10として、空がどのくらい雲でおおわれているのかを割合で表したものです。

例えば、雲量が0～1の場合は「快晴」、雲量が２～８の場合は「晴れ」、雲量が9～10の場合は「くもり（薄ぐもりと判断されることも）」となります〔図2〕。つまり、**空全体の８割が雲におおわれていても、天気の定義的には「晴れ」**なのです。８割程度の雲でも晴れと実感する人が多く、定義されたようです。

現在では観測の自動化が進み、「快晴」や「薄ぐもり」のような目視で判断していた天気表現は、されなくなっていくようです。

雲量は、人の目で全天を観察して判断

大気現象を観測〔図1〕

実際に目で空を観察したり、気象測器を用いたりして、大気の状態を判断する。右は、おもな大気現象の例。

雪 氷の結晶による降水があれば「**雪**」と判断する。降雪の強さや降雪量は問わない。

雨 雨が降っていれば、「**雨**」と判断する。降雨の強さや降水量は問わない。

雷 雷電がある、または雷鳴を聞いたら、「**雷**」と判断。

ひょう 直径5mm以上の氷の粒が降っていたら「**ひょう**」と判断する。

霧 ごく小さな水滴が大気に浮かび、見通しが1km未満なら「**霧**」。

雲の量を観測〔図2〕

実際に目で全天を見て、雲の量から「晴れ」や「くもり」を判断する。

雲量1以下

全天を見て、雲量が1以下の場合は

↓

「快晴」

雲量2〜8

全天を見て、雲量が2以上8以下の場合は

↓

「晴れ」

雲量9〜10

雲量が9以上なら

↓

「くもり」

※上層雲が多い場合は「薄ぐもり」。

13 周りが白くて見えない…「霧」はどうしてできる？

［雲］

霧は雲の一種で、小さな水の粒の集まり。見通せる距離で「霧」か「もや」か区別する！

寒い冬の森の中などで、周囲がうっすら白んでいる…。このような「霧」は、どうやってできるのでしょうか？

霧は、実は地表面にできた雲で、**「層雲」**という雲の一種です。つまり、**霧の正体も雲と同じ、小さな水の粒**なのです。空気が冷えて含むことのできなくなった水蒸気が、空気中の凝結核を芯として、水の粒となってあらわれるのです（➡P12）。

霧のでき方には、いくつか種類がありますが、**「地表の空気が冷えてできる霧」**と**「水蒸気が補給されてできる霧」**の２つに大きく分けられます〔右図〕。

地表の空気が冷えてできる霧には、放射冷却（➡P162）によってできる**「放射霧」**、暖かい空気が冷たい海上にきてできる**「海霧・移流霧」**、山の斜面を空気が上昇してできる**「上昇霧」**があります。

水蒸気が補給されてできる霧には、湿った空気中に暖かい雨が降ったときにできる**「前線霧」**、冷たい空気が暖かい水面にきてできる**「蒸気霧」**があります。

ちなみに、霧に似たものに**「もや」**があります。見通せる距離によって、霧と区別されています。１km 先が見えないものは「霧」、１km 先も見えるものは「もや」と呼びます。

霧はでき方によって分類される

いろいろな霧

地表の空気が冷えてできる霧

放射霧
夜間に気温が下がり、気温が露点に達したとき、水蒸気が水滴となって、発生。

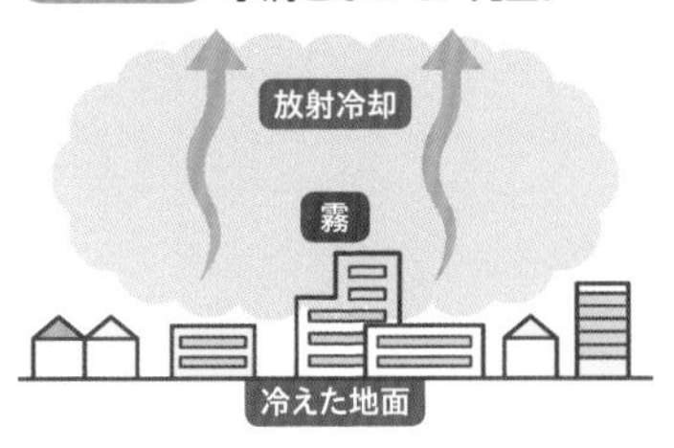

海霧・移流霧
水蒸気を含んだ暖かい空気が、冷たい海面上などにきたとき、冷やされて発生する。

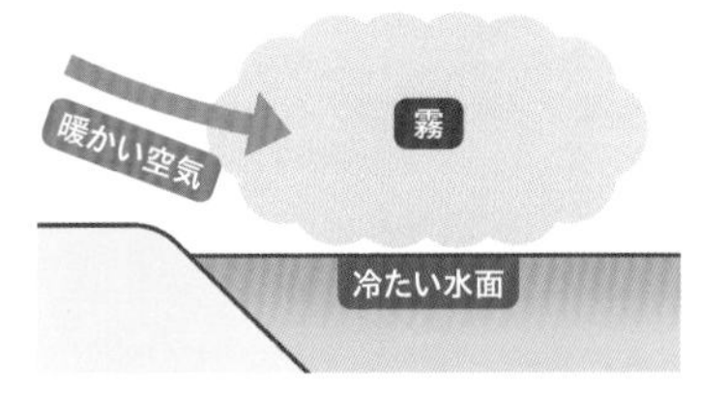

上昇霧
山にぶつかった空気が山に沿ってのぼり、露点に達すると発生する。

水蒸気が補給されてできる霧

前線霧
雨が降ったあとに暖かい雨が降ると、雨が蒸発し、空気中に水蒸気が補給されて霧に。

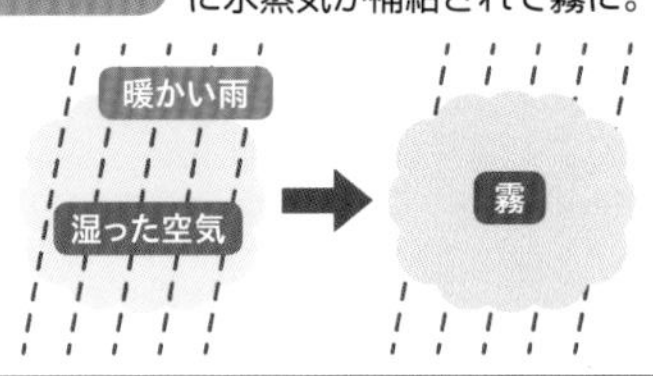

蒸気霧
暖かい水面上にある湿った空気が、流れてきた冷たい空気と混ざって発生する。

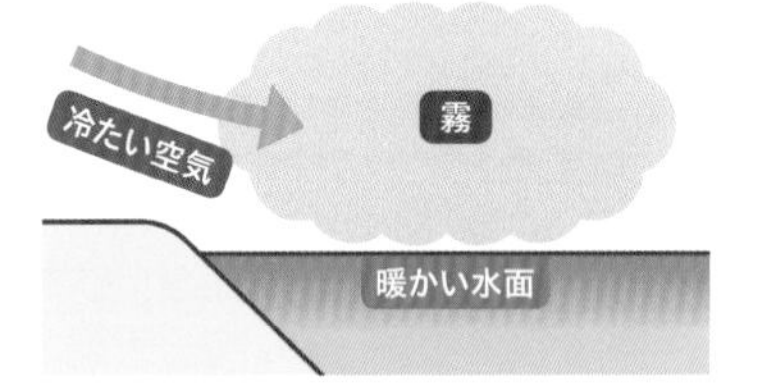

「もや」って霧？

視界の1km先が見えないものは「霧」、1km先が見えるものは「もや」と呼ぶ。

写真で見る空と天気 4

思わず見とれる…珍しい雲の形

空に浮かぶ雲の形はまさに千変万化。中でもなかなか見られない、変わった形の雲を紹介します。

一面の雲の海「雲海」

秋〜冬にかけて、夜〜早朝によく晴れると、放射冷却（➡P162）により地面の熱が上空に逃げて、地面が急激に冷えこむ。これが空気中の水蒸気を冷やすと「放射霧」が発生、これを上から見たものが雲海である。地面が上空よりも気温が低いため対流が起こりにくく、太陽が出るまでは雲海が安定する。

雲海のできるしくみ

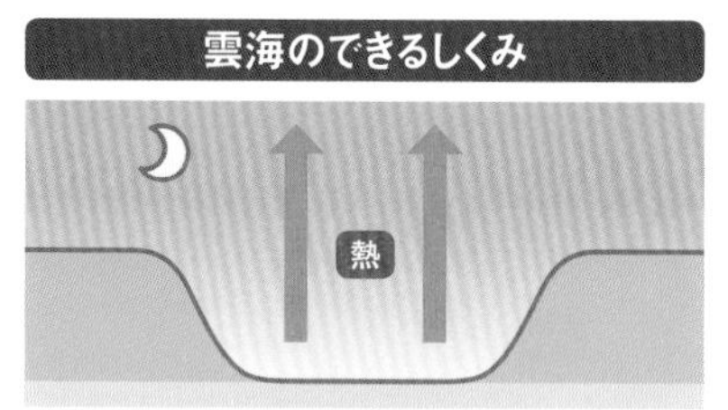

❶夜間、放射冷却で地面の熱が上空に逃げる。

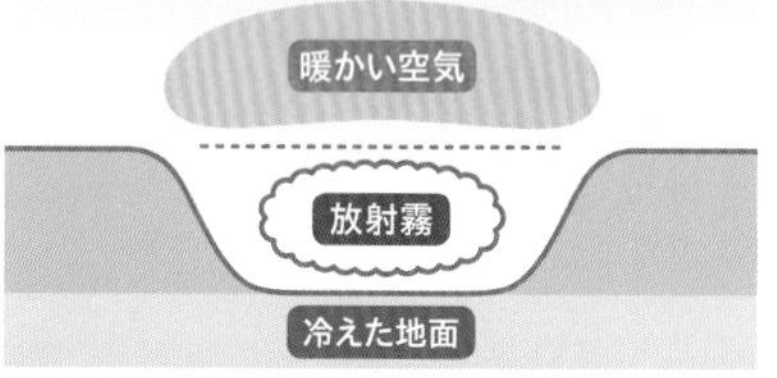

❷地面が冷えて放射霧ができ、雲海に。

波打つ「波状雲」

海の波のように、雲の帯が長く並行に並んでいる。巻積雲、高積雲、層積雲など横に広がる層状雲で見られる雲。大気は水面と同じように波が立ちやすく、水面に波紋ができるように、大気にも雲で波紋が見られる。

ぽっかり「穴あき雲」

層状に広がった巻積雲や高積雲に、円形の穴が開いた雲。雲の中の過冷却水滴の一部が凍って落下・蒸発することで、その部分だけ雲がなくなり、生まれる。

雨が降る予兆？「傘雲」

山頂にできる笠のような雲。空気のかたまりが山を越えるとき、断熱冷却して雲が生じる。富士山は傘雲の名所で、日本海に低気圧があると出会いやすい。

14 ［風］ いつも吹いている…？「風」の生まれるしくみ

なるほど！ **上昇・下降する空気**があったところに**別の空気が流れ込む**ことで、風が生まれる！

風は、空気が動くことで生まれます。

大気には、**「気圧が高い＝空気の密度が高い」**ところと**「気圧が低い＝空気の密度が低い」**ところがあります〔図1〕。気圧とは、大気がモノを押す圧力のことです。場所ごとに気圧は違い、気圧差が大きいほど、空気を押し出す力が強くなります。この力を**「気圧傾度力」**といいます〔図2〕。

気圧傾度力によって、空気は気圧の高いところから低いところへ押し出され、移動します。この空気の動きが**「風」**なのです。つまり、となり合う高気圧と低気圧の間に空気のかたまりがあると、高気圧と低気圧は押し合いますが、やがて高気圧の力が勝ち、空気のかたまりは高気圧から低気圧の方向へ移動し、風が吹きます。台風の場合、中心の気圧が低いほど、周りとの気圧差が大きくなります。そのため、気圧傾度力も大きくなるので、どんどん風が強くなっていきます。こうした**気圧の動きは常に起きているので、風は常に私たちのまわりに吹いています**。

ちなみに、空気が水平に移動することを「風」と呼ぶのに対し、空気が垂直に移動することは**「上昇気流・下降気流」**、またはまとめて**「対流」**と呼びます。

気圧傾度力によって空気が動く

風の生まれるしくみ〔図1〕 風は、空気の動きによって生じる。

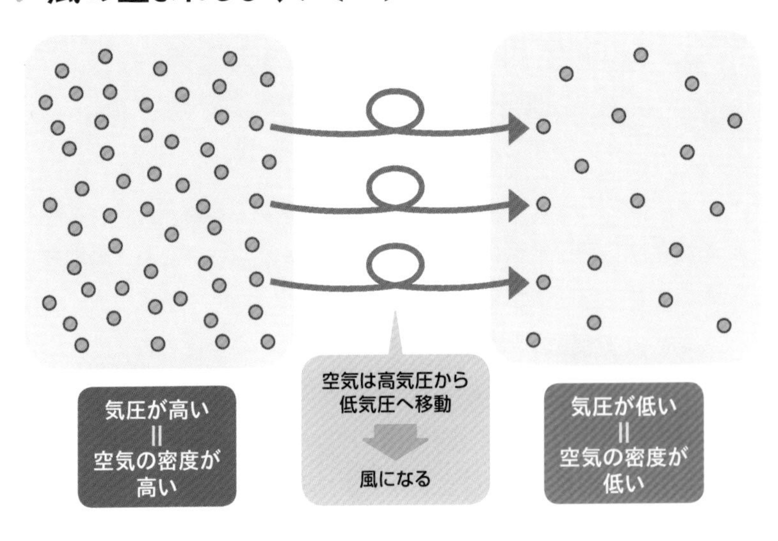

気圧傾度力とは?〔図2〕

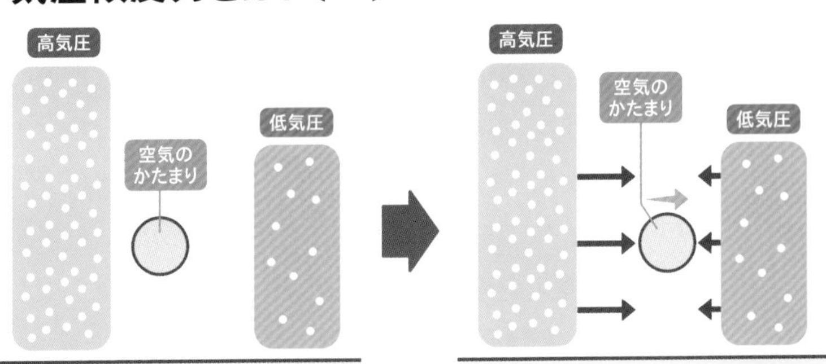

となり合う空気のかたまりは、押し合いをする。すると、気圧が高い方の押す力が上回る。気圧差で生まれる力を「気圧傾度力」といい、気圧傾度力によって、空気が動き、風が吹く。

15 ［風］ 風には いろんな種類がある？

なるほど！ 「局地風」「季節風」「大気の大循環」など、気圧や地形などにより、種類はさまざま！

風には、実はいろいろな種類があります。気圧配置によって数日で変化する風、地形の特徴によって特定の地域で吹く**「局地風」**、季節ごとに風向きが変わる**「季節風」**、広い地域で１年中吹く偏西風などの**「大気の大循環**（➡P146）**」**などに分けられます。ここでは、局地風と季節風を見てみましょう。

局地風の例の１つに**「海陸風」**があります〔図1〕。海は暖まりにくく冷めにくく、陸は暖まりやすく冷めやすい性質があります。そのため、昼は海より陸が暖かいので、海から陸に風が吹き、夜は陸より海が暖かいため、陸から海へ風が吹きます。この**昼と夜で風向きが逆になる風を、海陸風といいます**。

局地風にはほかに、山を越えた風が吹きおろす**「おろし」**や、山にぶつかった風が谷に沿って抜ける**「だし」**などがあります。特に梅雨や夏に、東北地方で北東から吹く冷たい風は**「やませ」**と呼ばれ、冷害の原因となります。

季節風は、日本の多くの地域で見られる風です〔図2〕。冬は大陸から太平洋へ、北西から吹き、夏は太平洋から大陸へ、南よりの風（風向が南東～南西の間でばらつく風）吹きます。特に冬の季節風は、シベリアからの強い寒気を運び、日本海側に雪を降らせます。

季節風は、日本に四季をもたらす

海陸風とは？〔図1〕 昼と夜で、風向きが逆になる風。

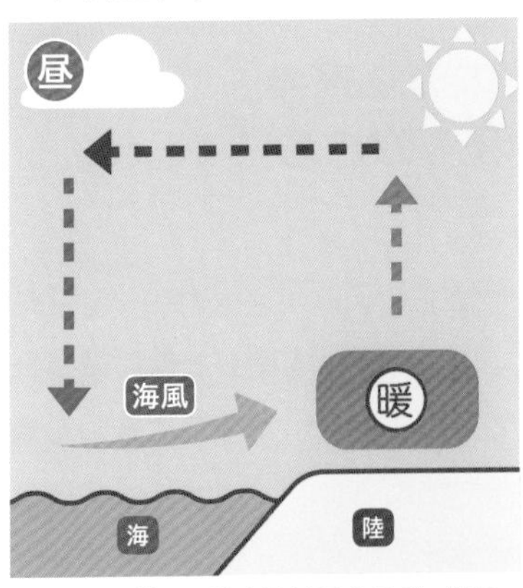

日中、日差しで海と陸は暖まるが、陸の方が暖まりやすい。陸で暖められた空気は上昇し、その上昇した空気を埋めるように、海から風が吹く。

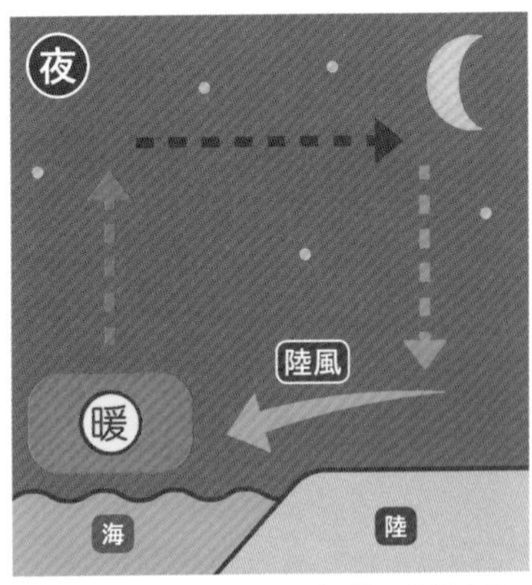

夜間、海と陸は冷えるが、陸の方が冷えやすく、海の方が暖かくなる。海の暖かい空気は上昇し、その上昇した空気を埋めるように、陸から風が吹く。

季節風とは？〔図2〕

海より陸の方が暖まりやすく、冷めやすい。そのため冬は、海の方が暖かくなるので、陸から海へ風が吹く。反対に、夏は陸の方が暖かくなるので、海から陸へ風が吹く。

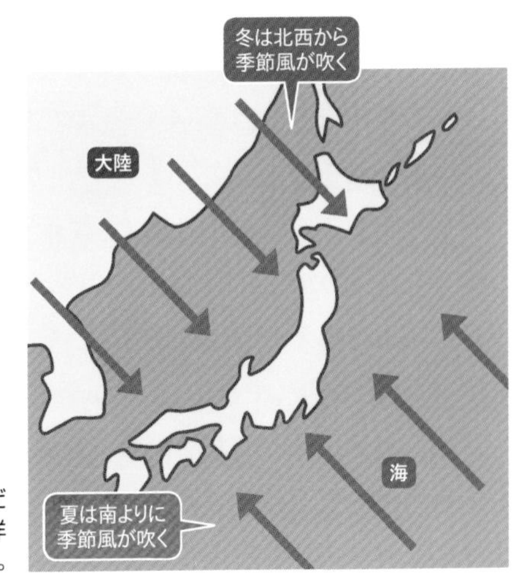

冬はシベリア高気圧から吹きだす北西の風が吹く。夏は太平洋高気圧から、南よりの風が吹く。

16 ［風］「フェーン現象」とは？どうして起こるの？

なるほど！ とても暑く乾いた空気になる現象。
湿った空気が山を越えて吹きおろすと起こる！

夏に異常に暑くなるとき、天気予報で「フェーン現象が…」などと解説されることがありますよね。**「フェーン現象」とは、湿った空気が山を越えて吹きおろすことで、高温で乾いた空気に変わる現象**です。日本列島の中心に山脈が走っているので、フェーン現象は各地で見られ、夏に限らずどの季節でも起こります。

フェーン現象のしくみを、くわしく見てみましょう。標高2,000mの山の斜面を、30℃の空気のかたまりがのぼるとします。**雲がないとき、空気は100mのぼるごとに気温が1℃ずつ下がります**。これを**「乾燥断熱変化」**といいます〔図1〕。1,000m地点ではじめて雲ができたとすると、このときの気温は20℃になっています。

雲があるとき、空気は100mのぼるごとに気温が0.5℃ずつ下がります。これを**「湿潤断熱変化」**といいます。雲から雨や雪が降った空気のかたまりは、2,000mの頂上では15℃になっています。

頂上を越えると、空気のかたまりはくだり始めます。すでに雨や雪が降った後なので、山をのぼる前より空気は乾き、雲はありません。そのため、**くだる間は「乾燥断熱変化」が続き、100mくだるごとに気温が1℃ずつ上がります**。くだり終わると気温は35℃になり、のぼる前より気温は5℃高くなるのです〔図2〕。

山の風下側が乾燥し高温になる

2つの断熱変化〔図1〕

空気のかたまりは、周囲と熱のやり取りをせずに上昇したり下降したりすると、体積が変化する。また空気の上昇・下降で変化する気温の割合はほぼ決まっている。

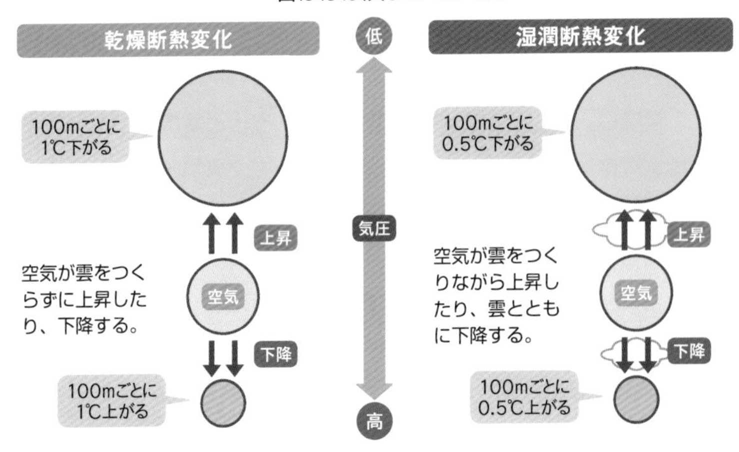

フェーン現象とは?〔図2〕

山の風下側で空気が乾いて高温になる現象。その地域に異常な高温をもたらす。

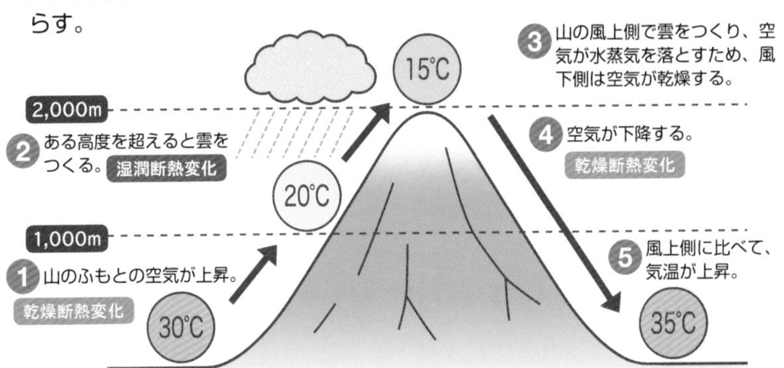

17 ［風］ 「竜巻」ってどうやって生まれる？

巨大積乱雲の下で、激しい上昇気流の渦が長く引きのばされて生まれる！

竜巻は、積乱雲または積雲の底から、ろうと状の雲がたれ下がり、地上に達した形です。内部では渦となった上昇気流が起こっていて、一瞬で家や車を吹き飛ばすほどの激しい風が吹いています。

特に強い竜巻は、**「スーパーセル」**と呼ばれる積乱雲の下で発生します。スーパーセルは、巨大な積乱雲のかたまりで、水平方向に10〜数十kmにまで発達します〔右図〕。地上付近で発生した渦が上昇気流でもち上げられ、スーパーセルの内部でメソサイクロンという小規模な低気圧が発生。そして上昇気流をさらに強めます。この**メソサイクロンが引き金となって竜巻が発生する**のです。

竜巻にともなう上昇気流が激しいと、渦巻きは細長く引きのばされます。渦巻きが細くなると回転速度はその分速くなります。回転する半径と速度の積は一定だからです。これを**「角運動量保存の法則」**といいます。フィギュアスケーターが回転するとき、手や足を広げたときより、縮めた方が回転速度が増すのと同じ原理です。

回転する方向は、時計回り、反時計回り、両方生じます。日本で起こる竜巻は、約85％が反時計回りと観測されています。

ちなみに、積乱雲からの冷たく重い下降気流によって、**「ダウンバースト」**と呼ばれる突風が発生することもあります。

竜巻を生じる積乱雲「スーパーセル」

スーパーセルとは？

竜巻を生み出す巨大な積乱雲。「回転する積乱雲」とも呼ばれ、雲の中にはメソサイクロン（小規模の低気圧）をともなう。

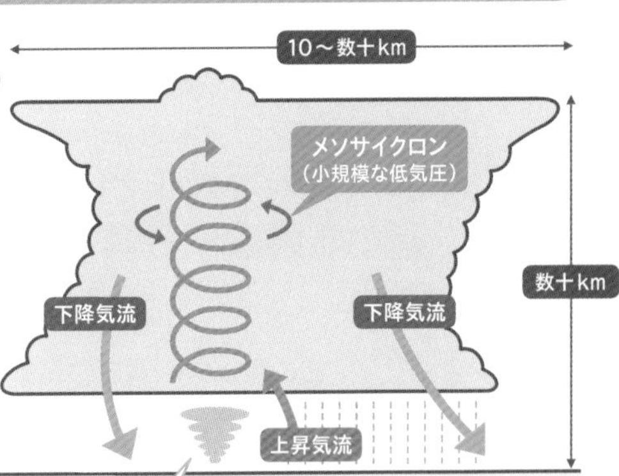

竜巻

上昇気流が
渦を巻くと、
竜巻が発生

発達した積乱雲の中で、上昇気流に回転が生まれると、竜巻が発生する。

下降気流も危険！

積乱雲からの激しい下降気流が地表にぶつかって水平に噴き出し、突風が起こる現象を「ダウンバースト」と呼ぶ。風の広がりは数km以上に。

角運動量保存の法則

回転半径が小さくなると、回転速度が速くなる。回転半径と速度の積が一定のことを「角運動量保存の法則」という。

回転半径 大
回転速度 小

18 「虹」はどうやってできる？

［大気光象］

空気中の雨粒に当たった光が、赤から紫まで分解されて虹になる！

　雨上がりの空に見られる美しい虹。そんな虹があらわれるしくみを見てみましょう。

　虹とは、太陽の光が雨上がりの大気に浮かぶ雨粒で屈折・反射して、７色の光に分かれて見える現象です。太陽の光は、赤、橙、黄、緑、青、藍、紫の７色でできていて、色によって光の波長の長さが違います。太陽の光は、雨粒に入る前は白く見えますが、雨粒の中に入ると、**光の波長の長さによって屈折する角度が違うため、雨粒から出てくるときには７色に分解されています**〔図1〕。ちなみに、虹は３色にも５色にも見えますが、「虹は７色」と発表したのはイギリスの物理学者ニュートンです。

　私たちが太陽を背にして立ったとき、私たちの視線と太陽の光の進む方向（**対日点**）から常に40～42度の角度のところに、虹は生まれます〔図2〕。そのため、朝は西の空、夕方は東の空に見えやすく、昼は見えにくくなります。

　虹は、対日点を中心とした円を描きますが、地平線が邪魔しているため、ふつうは上の部分しか見えません。さらに、虹は対日点に対して決まった角度であらわれるため、**いくら虹を追いかけても、近づくことはできません**。

屈折・反射で光が7色に分解される

虹のしくみ〔図1〕

太陽の光が雨粒で屈折・反射するとき、分解される現象。

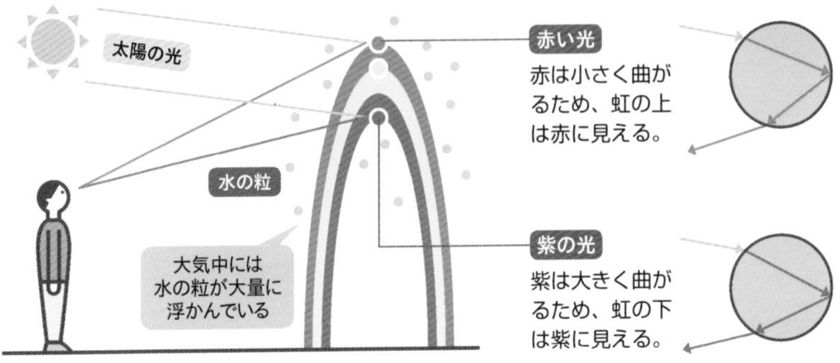

虹に追いつけない理由は?〔図2〕

対日点（太陽と観察者を結ぶ延長線）を中心に、虹は決まった位置にあらわれるため、いくら追いかけても虹には近づけない。

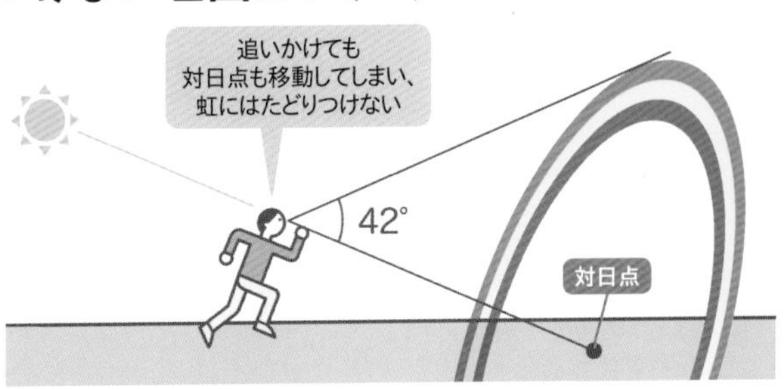

写真で見る空と天気 5

息をのむ光景…！虹色に染まる空

雨上がりでなくても、空が虹色に輝くことがあります。そんな神秘的な瞬間を紹介します。

雲を虹色に彩る「彩雲（さいうん）」

太陽の近くを雲が通りかかったとき、雲が虹色に輝いて見える現象を「彩雲」という。彩雲は季節を問わず、見ることができる。太陽の光が雲粒をまわりこんで進むときに、光の色（波長の長さ）によって進行方向が変わるため、色が分かれて見える。

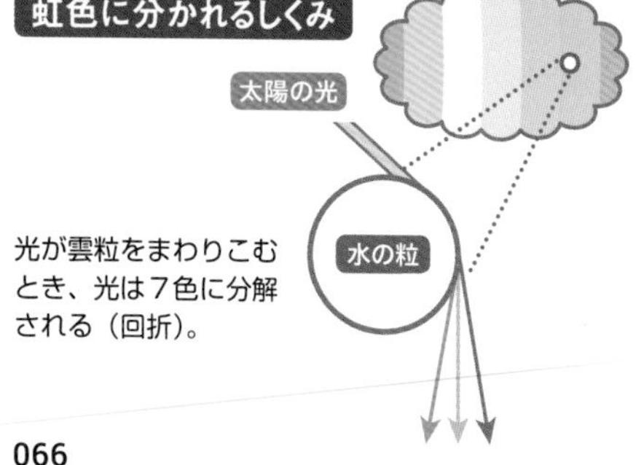

光が雲粒をまわりこむとき、光は7色に分解される（回折）。

太陽と同じ方向に見える虹「ハロ」「アーク」

太陽や月の光が、大気中の氷晶（氷の粒）で屈折・反射して、太陽や月のまわりに虹のような光の帯が見える現象。太陽や月のまわりにできる光の輪は「ハロ（暈）」。太陽の上方や下方、約46度離れたところにあらわれる光の帯は「アーク」。ふだんの虹は雨上がりに、太陽と反対側に見えるが、ハロやアークは太陽の方向に、雨上がりでなくとも見られる。

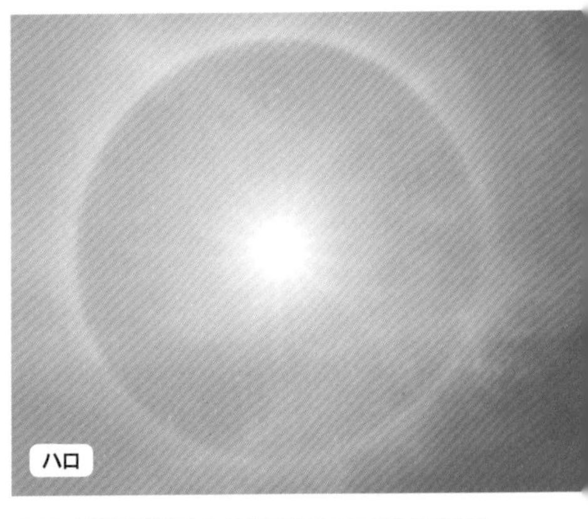

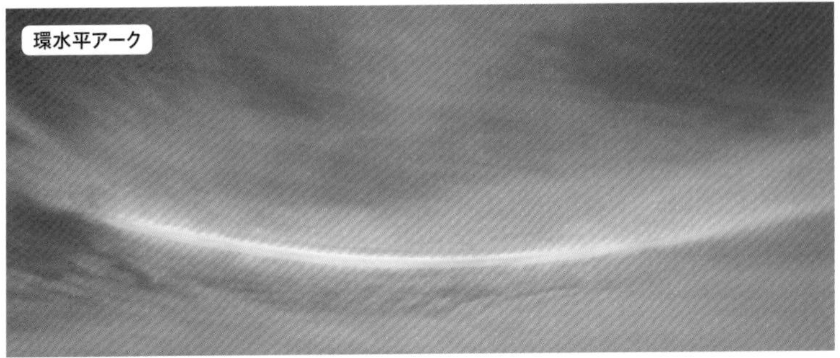

太陽の両側に見える太陽のような像は「幻日（げんじつ）」と呼ばれる。

19 ［大気光象］ 「蜃気楼（しんきろう）」はどうして見える？

密度の異なる2つの空気があるとき、
高密度の空気中を光が**大きく屈折**するから！

存在しない幻が見える蜃気楼。どんなしくみなのでしょうか？

蜃気楼とは、遠くの景色が浮き上がったり、逆転して見えたりする現象です。光は、温度や密度が一定の空気ではまっすぐ進みますが、**冷たい空気と暖かい空気の境目では、密度の高い冷たい空気の方へと屈折する性質があります**。この屈折によって、見えるはずのない幻が見えてしまうのです。

蜃気楼は**「上位蜃気楼」**と**「下位蜃気楼」**の２つに分けられます。「上位蜃気楼」は海上でよく見られます。例えば春、海の上に暖かい空気が立ち込めているとき、山からの雪解け水が海に流れ込み、海水と海上近くの空気が冷やされます。密度の違う空気の境目で、**光は気温の高い方から低い方へ屈折するので、遠くの景色が浮き上がったり、逆転して見えたりします**〔図1〕。

「下位蜃気楼」は、太陽が重なって見える**「だるま太陽」**や遠くの道路が濡れているように見える**「逃げ水」**が代表例です（➡P71）。

秋～春先にかけて、寒気や放射冷却（➡P162）などで急激に気温が下がるとき、空気はすぐに冷えるのに対し、海水はゆっくり冷えていきます。そのため、空気と海水で温度差が生じ、日の出・日没のときにだるま太陽があらわれやすくなるのです〔図2〕。

上位蜃気楼と下位蜃気楼がある

上位蜃気楼とは?〔図1〕

上位蜃気楼は、下が冷たい空気、上が暖かい空気のときに見られる。

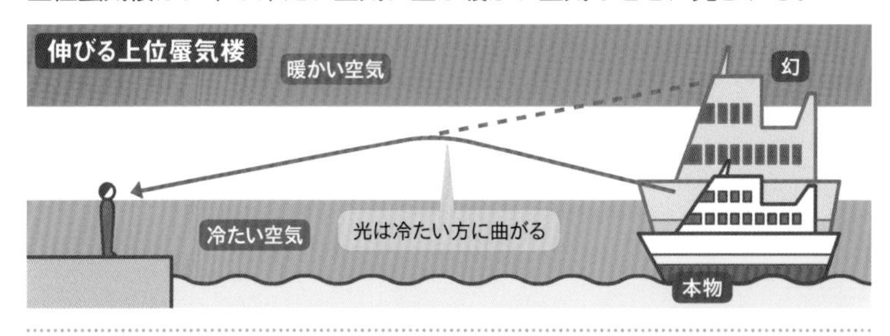

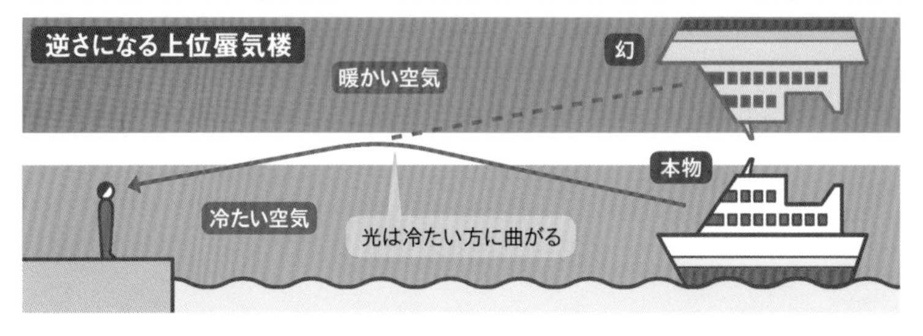

下位蜃気楼とは?〔図2〕

下位蜃気楼は、下が暖かい空気、上が冷たい空気のときに見られる。

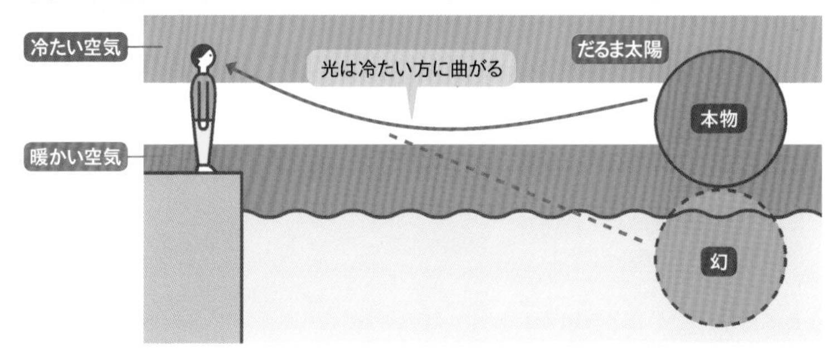

写真で見る空と天気 6

夢うつつ…いろいろな蜃気楼（しんきろう）

大気中に幻があらわれる「蜃気楼」にも種類があります。だまされそうになる不思議な風景をいくつか紹介しましょう。

上に幻が見える「上位蜃気楼」

富山県魚津湾では、3月下旬から6月上旬に上位蜃気楼（➡P68）があらわれやすい。海の上に暖かい空気が立ち込め、海に冷たい雪解け水が流れ込むと、空気の温度差から光が屈折する。気温や風など条件によって回数や持続時間はバラバラで、数分で終わったり、あらわれたり消えたりと半日以上続くこともある。

※写真提供／富山県魚津市

太陽が2つ!?「だるま太陽」

水平線に太陽が重なり、だるまのように見える下位蜃気楼（➡P68）。秋から春にかけての冷え込みの強い日の、日の出・日没に見られる。高知県の土佐湾などが有名。

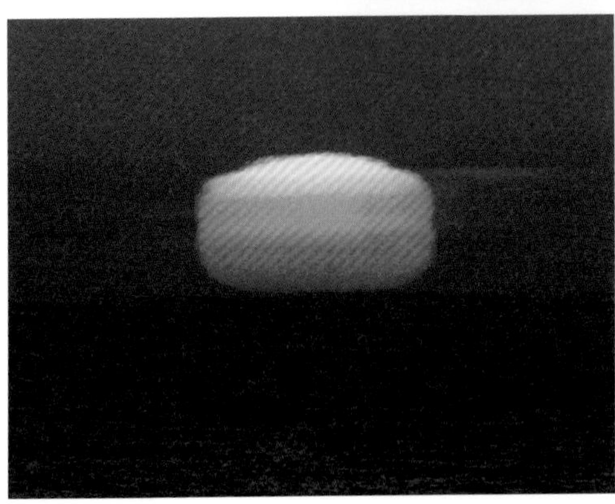

太陽が変形!?「四角い太陽」

放射冷却で強く冷え込む冬の朝によく見られる上位蜃気楼。空気の温度差による光の屈折で、太陽の形が四角く変形して見える。北海道の野付湾などが有名。

実在しない「逃げ水」

道路の遠くに水たまりがあるように見える下位蜃気楼。近づいても水たまりが離れていくため「逃げ水」と呼ぶ。夏の強い日差しによって、地面が熱せられるために生じる。

20 ［大気光象］ なぜ「空」は青く、「夕焼け」は赤い？

光が空気の粒にぶつかる「**レイリー散乱**」で、太陽の位置によって**散乱の具合が変わる**から！

晴れた空は、朝焼けから始まり、青空が広がり、夕焼けで終わります。時間ごとに空の色が変化するのは、なぜでしょうか？

私たちが見る**空の色は、太陽の光と大気中の空気の分子が生み出す**ものです。太陽の光は空気の中で、小さな空気の分子に当たりますが、波長の短い紫や青い光ほどたくさんの空気の分子にぶつかり、さまざまな方向に飛び散ります。**光の波長よりずっと小さい粒によって光が散らばる現象を「レイリー散乱」**といいます〔右図〕。

太陽が高い日中は、散らばりやすい紫や青い光が空に広がる…はずですが、**紫の光ははるか上空で散乱するため、私たちには空が青く見える**のです。地上に近い青空が白っぽく見えることがありますが、これは地上付近に多い水蒸気やチリによってほかの色も一緒に散乱するので、色が混じって白っぽくなるからです。

一方、太陽の低い明け方や夕方はどうでしょうか？　太陽が低くなる分、太陽の光が大気中を進む距離は、日中より長くなります。光が進むにつれて、散乱しやすい紫や青い光をはじめ、ほかの色の光も次々と散乱していきます。結果、**太陽の光のうち、散乱しにくい赤い光だけが残って私たちの目に届くため、朝焼けや夕焼けは赤く見える**のです。

色によって光の散乱のしやすさが違う

レイリー散乱とは？

光の波長よりも小さな粒による光の散乱。

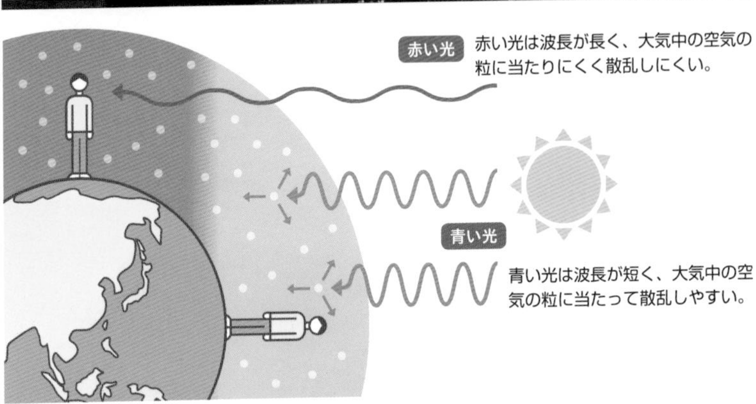

写真で見る空と天気 7

心がふるえる美しすぎる空の色

日の出前や日没後、空の色が劇的に変化します。わずかな時間にしか見られない、美しい空の色をいくつか紹介します。

魔法のような「マジックアワー」

日の出前と日没後に見られる、太陽が見えなくても空がほのかに明るい時間帯。「薄明（はくめい）」とも呼ばれる。薄明は地平線より下に隠れた太陽の光が、上層の大気で反射・散乱して生じる。この時間帯は地上から影がなくなり、空の色がどんどんと変わっていく。

薄明のしくみ 太陽が沈んだ後、上空の大気で太陽の光が反射・散乱することで生じる。

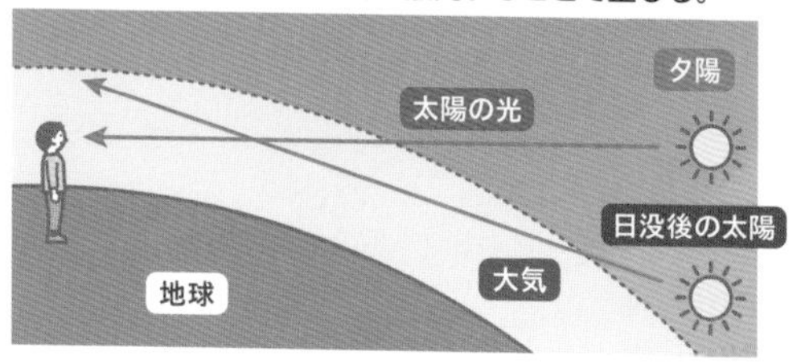

不思議な
「グリーンフラッシュ」

太陽が昇る、または沈む瞬間に、緑色の光が一瞬輝く現象。太陽の光のレイリー散乱によって生じる。離島などの空気がとても澄んだ場所でまれに見られる。

穏やかな
「ブルーアワー」

日の出前と日没後、空が濃い青色に染まる時間帯のこと。太陽が地平線に完全に沈み、成層圏のオゾン層が太陽の光を吸収し、濃い青色を放つことで生じる。

幻想的な「ビーナスベルト」

日の出前と日没後、太陽と反対側の地平線上にあらわれる赤い帯を「ビーナスベルト」と呼ぶ。大気の散乱によって生じる。赤い帯の下は、空に映る地球の「影」。

21 神秘的な「オーロラ」が生まれるしくみは？

［大気光象］

太陽から吹き付ける**プラズマの電子**が、
地球の大気に飛び込んで**発光**している！

北極や南極の近くで見られる幻想的なオーロラ。なぜこんな現象が起こるのでしょうか？

オーロラのもとは、太陽から放出されたプラズマです。プラズマとは、気体を構成する分子が陽子と電子に分離し、飛び回っている状態です。

地球は、１つの大きな磁石になっています。地球の磁石の力がはたらく場所を**「磁場」**と呼び、地球を包むバリアのようなはたらきをする磁気圏をつくりだします。太陽からのプラズマは、地球をよけて地球の後ろ側へ流れ込み、そこにプラズマだまり（プラズマシート）をつくります〔右図〕。そしてプラズマだまりの電子は、磁場によって北極や南極に向かって加速して大気圏に突入。**大気中の原子や分子にぶつかって、光を発するのです**。

オーロラは熱圏（➡P152）で発生し、電子がぶつかる気体の種類によって色が変わります。例えば、酸素にぶつかると赤や緑に、窒素にぶつかると紫やピンクに発光します。

北極や南極に近い地域で見られるオーロラですが、実は、日本でもオーロラを見られるときがあります。**「低緯度オーロラ」**と呼ばれ、北海道で何度も観測されています。

オーロラは日本で見られることも

オーロラとは?

太陽から放出される太陽風（プラズマという電気を帯びたガス）が、地球の磁気圏にさえぎられて後ろ側に流れ込み、プラズマだまり（プラズマシート）をつくる。このプラズマ内の電子が北極や南極に降り注ぎ、発光する。

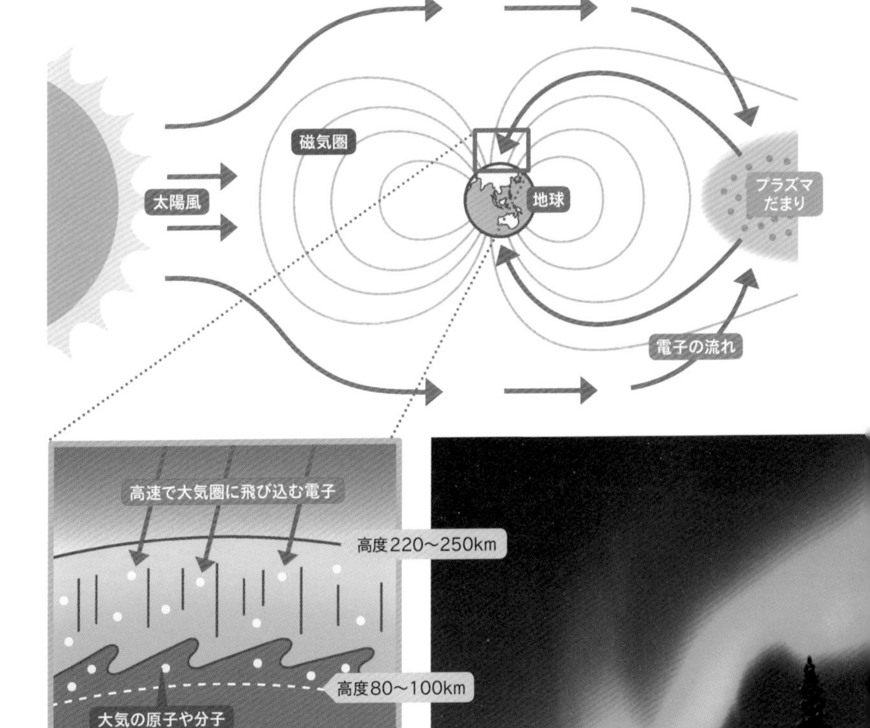

加速した電子の流れが、大気中の原子や分子にぶつかり、光を発し、オーロラになる。

「天気予報」を発明した元軍人

ロバート・フィッツロイ

〔1805～1865〕

フィッツロイはイギリスの海軍軍人です。進化論を記したダーウィンが乗り込み、世界中を航海したビーグル号の艦長を務めた人物ですが、「天気予報（Weather forecast）」という言葉を生み出した人物でもあります。

19世紀当時、漁師や農民は観天望気で天気を読み、占星術師が天気を占うなど、科学的な予報など信じられていない時代でした。そんな中、1854年にフィッツロイは海軍を退役後、気象局長に任じられます。船の航海時間をより短縮するための、風向が記された図をつくる部署でした。

この頃、イギリス周辺の海は嵐による難破が絶えず、彼は被害を防ぐために天気を予測する「天気予報」という言葉と、そのしくみづくりをはじめました。まず、国内各所に気象観測所を設置。電信（電気を利用した通信システム）を用いて観測データを収集し、嵐が近いことを察知したら、すぐに電信で港に「暴風雨警報」を伝えるしくみをつくりあげました。続いて、その収集したデータをもとにイギリス各都市の天気予報を、1861年から新聞に毎日提供し始めました。

天気予報は大人気となりましたが、外れたときの批判も強かったようです。フィッツロイの死後、天気予報は中止されますが、需要が大きくすぐに復活。フィッツロイはイギリス気象庁の創設者として、名前を残しています。

2章

なるほど！
天気予報のしくみ

私たちの生活に、天気予報は欠かせません。
なぜ明日の天気が予想できるのか？　天気図のしくみ、
気象予報士の仕事、四季の天気の特徴など、
この章では、天気予報のしくみをのぞいてみましょう。

22 ［天気予報］ 天気はどうやって予想している？

過去に観測したデータをもとに、
気圧などの**予測値を計算**している！

未来の情報である天気は、どう予測されているのでしょうか？

天気予報は、❶気象観測　❷数値予報　❸ガイダンス　❹気象予報士による解説、という流れでつくられます〔右図〕。

❶**気象観測**とは、**現在の大気の状態を観測する**こと。地上から宇宙までさまざまな観測機器を設置して、気温、気圧、風速、雲の量など、さまざまなデータを集めます。

❷**数値予報**は、❶のデータをコンピューターに入力し、**未来の気圧、気温、湿度などの予測値を計算する**こと。ところで、数値予報で明日の気圧や湿度の数値がわかっても、はたして明日は「晴れ」なのか、「降水確率」はどうなのか、読み解くのは大変です。

それを支援するのが❸**ガイダンス**です。❷の予測値と過去の気象データをもとに、**コンピューターが「明日は晴れ」や「降水確率0％」などのおなじみの「天気」に「翻訳」します**。このガイダンスの結果を、❹**気象予報士**が解説し、天気予報として発表するのです。

数値予報は、日本全国どの場所でも行えるわけではなく、予測値を出せる場所は決まっています。日本の地図上に格子を引き、その「格子点」上の数値を予測しています。格子点の間隔もさまざまで、降水短時間予報や短期予報など、天気予報によって使い分けます。

天気予報は「数値予報」がカギを握る

天気予報のつくりかた

1 気象観測

地上、空などで現在の大気の状況を観測してデータを集める。

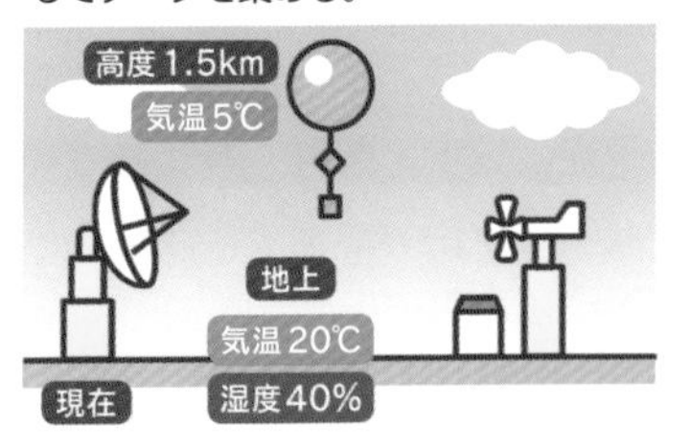

2 数値予報

集めた現在の観測データをコンピューターに入力する。

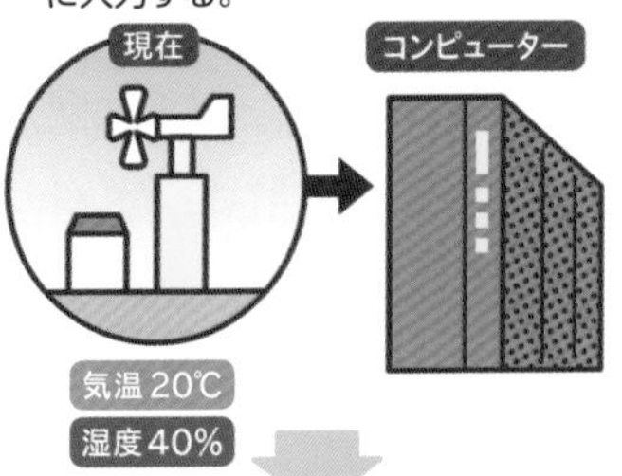

地図上に線を引き、その格子点ごとに気温、湿度、気圧などの予測値を割り出す。

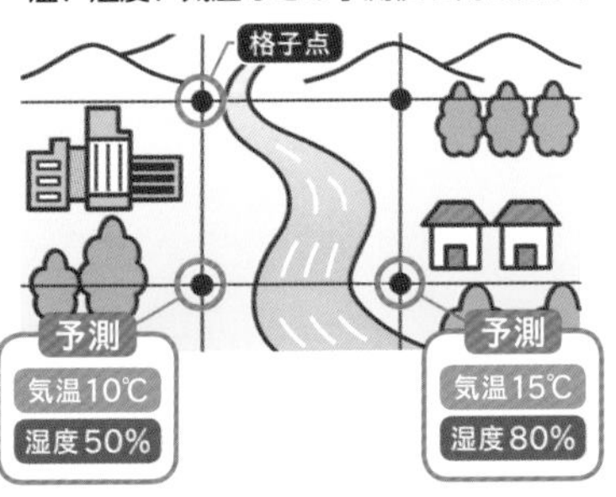

3 ガイダンス

ガイダンスを用いて、予測値を天気に翻訳する。

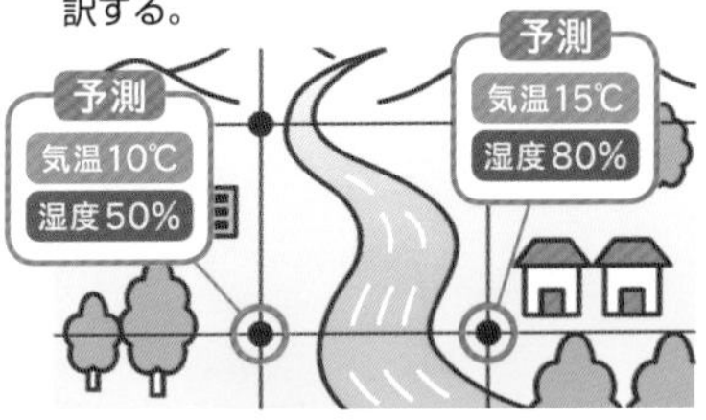

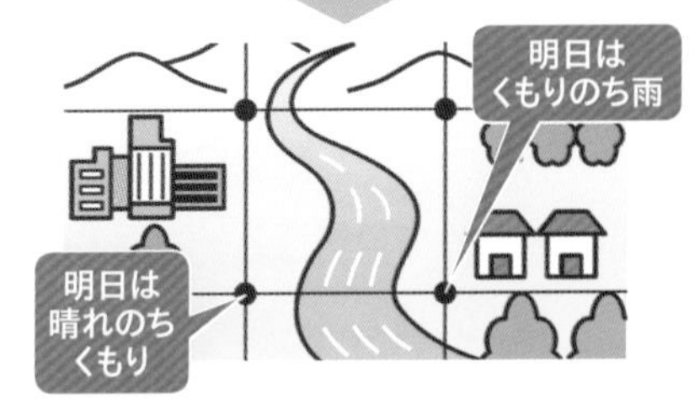

4 気象予報士の解説

ガイダンスの結果を、天気予報番組でアナウンス。

「天気図」はどうやって見ればいい？

なるほど！ 天気図とは、**ある時刻の大気の地図。**
天気の今を把握したり、予想したりできる！

天気図とは、ある時刻の大気の様子を、数字・記号・等値線であらわした地図で、広い範囲の気象状態をひと目で把握できるものです〔図1〕。天気予報でよく見る天気図は、高気圧や前線などの気圧配置がどう変わったかを見る**「実況天気図」**と、明日以降、どう変わっていくか予想した**「予想天気図」**ですね。

天気図はどう見ればよいのでしょうか？

線であらわされた気圧配置から、晴れの地域、くもりの地域を読み解けます。**高気圧の地域は雲を散らして晴れをもたらすことが多く**、逆に**低気圧の地域は上空に雲をつくり、天気は崩れやすくなります**。高気圧と低気圧のまわりは、風が渦を巻いており、同じ数値の気圧で線を結んだ**「等圧線」が狭いところほど、風が強い**と判断できます。

前線や気圧の配置から天気のパターンを予想できます〔図2〕。例えば、**温暖前線と寒冷前線にはさまれた地域は一時的に天気が回復する傾向があります**。一方、前線の北側は雲が広がりやすく、雨も降りやすいと読み解くことができます。

そして天気図を時系列で並べると、低気圧や前線がどんな進路を進むのかが把握できます。自分でも天気を予測できるわけです。

天気図とは大気の様子をあらわした地図

天気図とは？〔図1〕 数字や記号で大気の様子を示すもの。

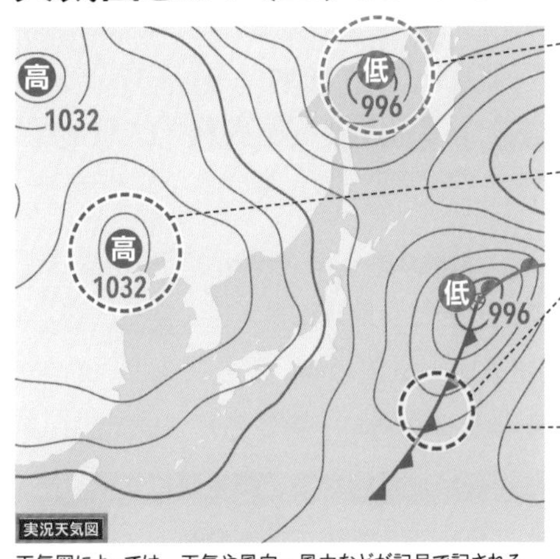

天気図によっては、天気や風向・風力などが記号で記される。

低気圧 (➡P84)
まわりの気圧と比べて、気圧の低い部分。

高気圧 (➡P84)
まわりの気圧と比べて、気圧の高い部分。

前線 (➡P86)
暖かい空気と冷たい空気との境界線。1kmほどの厚みがある。

等圧線
同じ気圧の地点を結んだ線。4hPaごとに細い線、20hPa間隔で太い線が引かれる。

天気図で何がわかる?〔図2〕

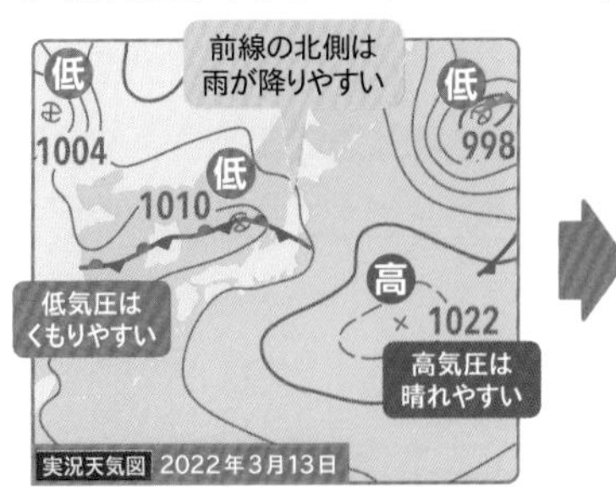

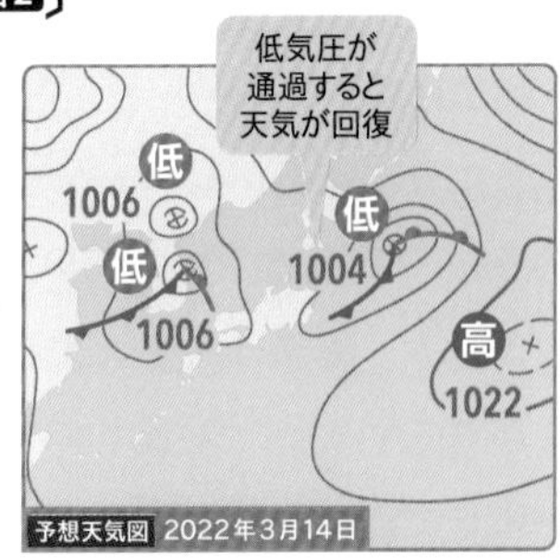

1 天気図を並べ、高気圧や低気圧の進路を見ることで、天気を予測する。

前日の前線の動きから、14日は低気圧が通過し、九州から関東はおおむね晴れると予測。

2 気圧配置（気圧や前線の配置）から、天気を判断できる。

天気図を読みとく

13日の東北地方は、前線の北側に位置するため、雨が降りやすい。

「高気圧」「低気圧」ってどういうもの？

なるほど！

“空気の重さ”によって生まれる気圧が高いと「高気圧」、低いと「低気圧」になる！

よく耳にする「高気圧」「低気圧」とは、なんなのでしょうか？

高気圧、低気圧の「気圧」とは、簡単に言えば、**空気の重さ**のこと。まわりより「空気が重い＝気圧の高い」ところが「高気圧」、まわりより「空気が軽い＝気圧の低い」ところが「低気圧」です。あくまで**まわりより気圧が高いか低いかで、高気圧にも低気圧にもなることがポイント**です。そして、気圧の差を埋めるように、気圧の高いところから低いところへ空気が動くため、**高気圧と低気圧の上空は、天気を予報しやすい場所**でもあります。

高気圧のところは時計回りに空気（風）が吹き出し、上空からは補うように空気が降りてきます。この下降気流によって上空の雲を散らし、晴れにします。逆に、低気圧のところは反時計回りに風が吹き込み、集まった空気は上空に昇ります。この上昇気流によって雲ができやすく、天気が崩れやすくなるのです〔図1〕。

また、**広い大陸や海の上では、とても大きな高気圧ができます**。この空気のかたまりを**「気団」**と呼びます〔図2〕。日本のまわりには、１年を通じて、いろいろな性質をもった気団があらわれますが、気団の勢力が強くなったり、弱くなったりして、日本へ季節ごとに特徴的な天気をもたらします。

同じ性質の空気のかたまりを気団という

▶高気圧と低気圧〔図1〕

空気の動きや気温によって生じる、大気圧の高いところと低いところ。

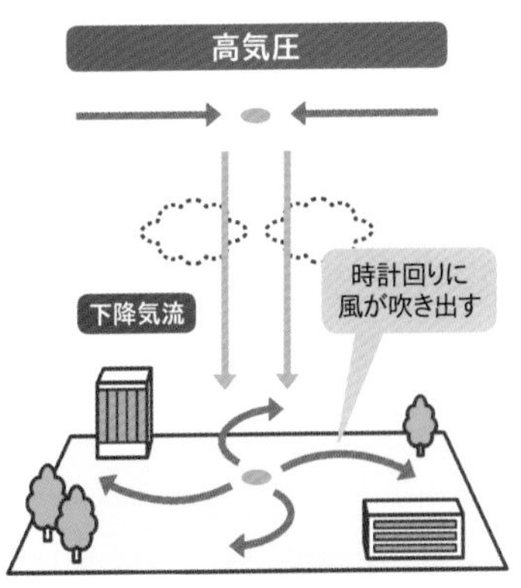

下降気流によって空気が濃くなり、気圧が高くなるところ。

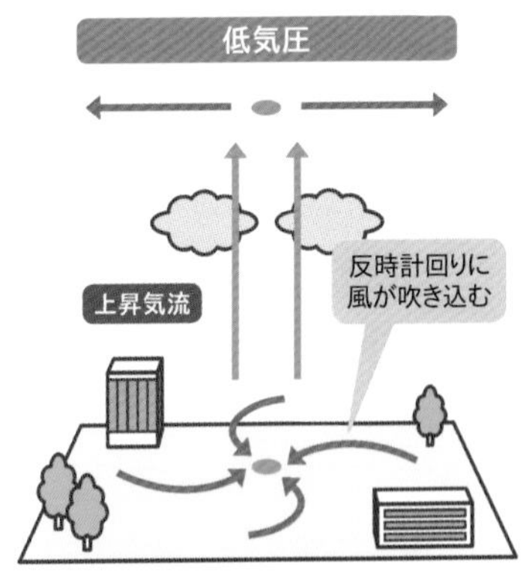

上昇気流によって空気が薄くなり、気圧が低くなるところ。

▶気団とは？〔図2〕

日本のまわりには、さまざまな気団が発生する。この気団が強まったり弱まったりすることで、日本の季節や天気が変化する。

25 ［気圧］「前線」って何？どうして雨が降るの？

前線は、**暖かい空気と冷たい空気の境目。**
特徴によって**4種類に分けられる！**

前線とは、暖かい空気と冷たい空気の境目のことです。前線には、「温暖前線」「寒冷前線」「閉塞前線」「停滞前線」の４種類があります。このうち、「温暖前線」「寒冷前線」「閉塞前線」は、低気圧の発生・発達とともに生まれる前線です。

「温暖前線」は、**勢力の強い暖かい空気が、冷たい空気の上をはいあがるように全体を押し進める前線**です。気温と湿度は次第に高くなり、はいあがる部分に、しとしと雨（地雨）を降らせます。

「寒冷前線」は、**勢力の強い冷たい空気が、暖かい空気の下に潜り込むように全体を押し進める前線**です。暖かい空気を持ち上げた部分には積乱雲が発生し、突風や雷、にわか雨（驟雨〈しゅうう〉）を降らせます。寒冷前線が通過すると、気温と湿度は急激に下がります〔図1〕。

低気圧が最盛期を迎えると、**寒冷前線が温暖前線に追いつき「閉塞前線」をつくります**。やがて閉塞前線は低気圧の中心から離れ、低気圧はおとろえていきます。

４つ目の前線は、梅雨前線（➡P116）や秋雨前線（➡P132）といった**「停滞前線」**〔図2〕。**暖かい空気の気団と冷たい空気の気団の勢力が拮抗してできる前線**で、南北に動かず東西に伸びて、同じ場所にとどまるため、前線付近は雨やくもりの日が続きます。

前線の近くは天気が崩れやすい

▶低気圧と前線〔図1〕 低気圧と前線は、ともに発達し、衰弱する。

寒冷前線 前線付近に積乱雲ができて、強いにわか雨や突風が吹く。

温暖前線 乱層雲などができて、広い範囲に雨やくもりをもたらす。

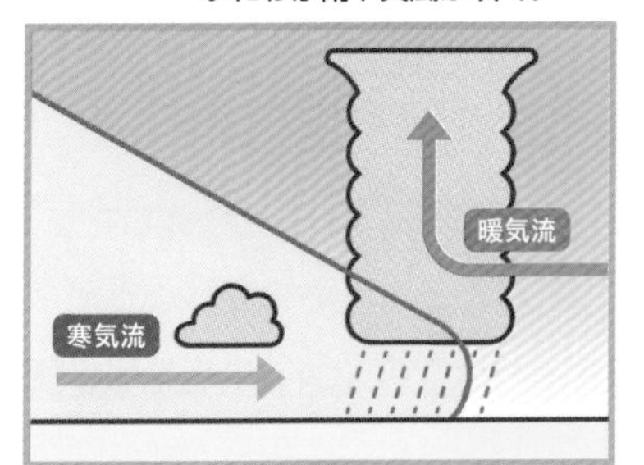

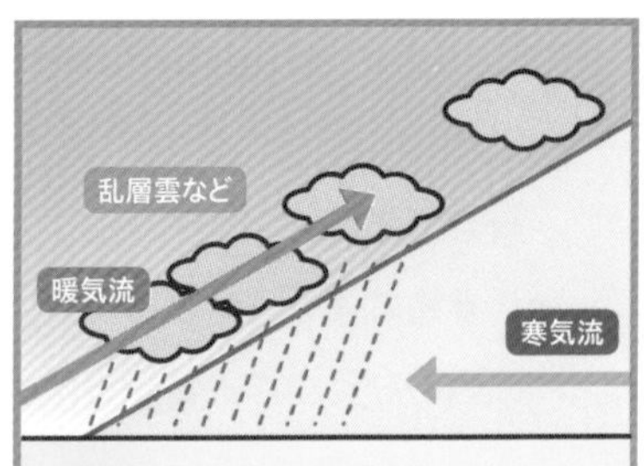

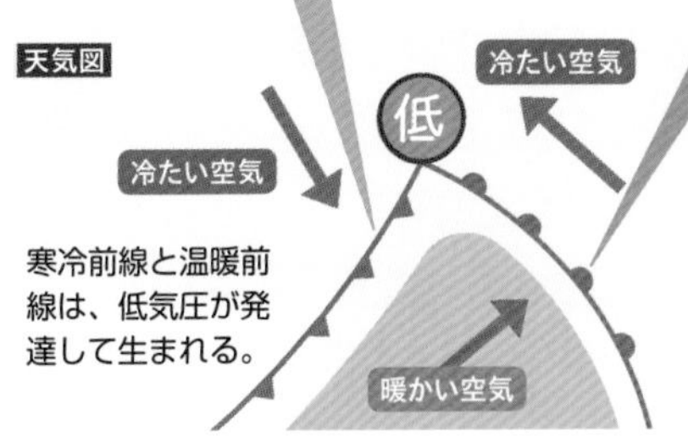

寒冷前線と温暖前線は、低気圧が発達して生まれる。

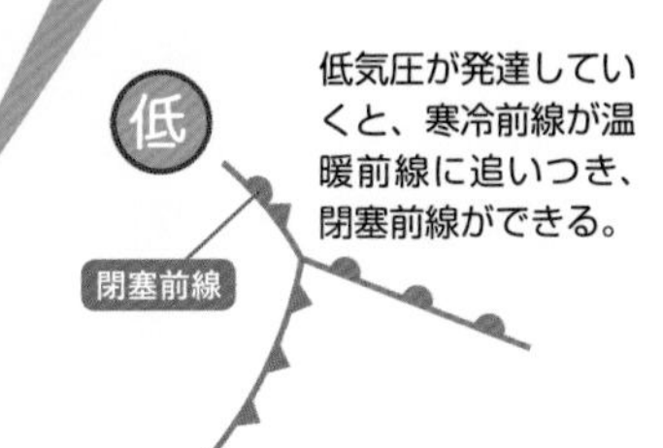

低気圧が発達していくと、寒冷前線が温暖前線に追いつき、閉塞前線ができる。

▶停滞前線とは？〔図2〕 暖かい空気と冷たい空気の境目にできる。勢力が拮抗するため、長く停滞する。

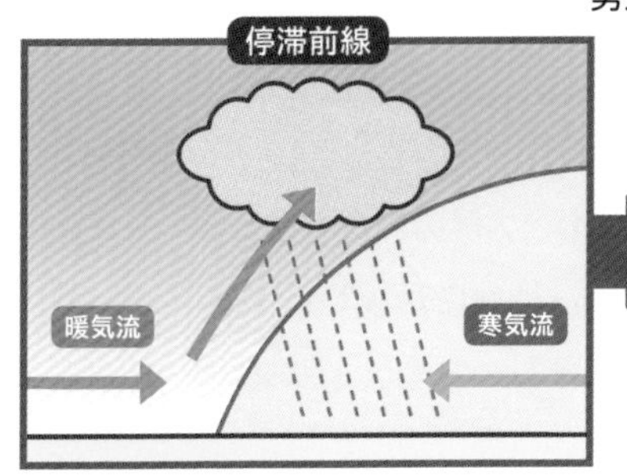

天気図

冷たい空気

暖かい空気

停滞前線付近では、帯状の雲が広がり、雨を降らせる。

26 なぜ夏は暑く、冬は寒い？

［気圧］

なるほど！ 地球の傾きと公転によって、**昼の時間**と**太陽の当たる角度**が変わるから！

東京の８月の平均気温は26.9℃、１月の平均気温は5.4℃です。なぜ季節によって、このように気温が変わってくるのでしょうか？

原因のひとつは、**日の出から日の入りまでの時間、つまり昼の時間が違うため**〔図1〕。夏至（６月22日頃）の昼の時間は約14時間50分ですが、冬至（12月22日頃）は約９時間45分となります。これは、**地軸（自転軸）の傾きによるもので、この約５時間の昼の時間の差の分、夏のほうが暑くなる**のです。

もうひとつの原因は、**太陽の当たる角度が違うため**〔図2〕。夏の太陽は、高い位置を通りますが、冬の太陽は低い位置を移動していきます。太陽の光が高い位置から当たる夏のほうが、太陽の光がななめから当たる冬より、同じ面積にあたる光の量は多くなります。つまり、**太陽の当たる角度が違う分、冬より夏のほうが暖まりやすい**のです。この角度の違いは、**地球の地軸の傾きと公転によって起こります**。

北海道と沖縄の平均気温の違いも、太陽の当たる角度が原因です。緯度が低く赤道に近いほど、太陽は地面に対して高い位置から照りつけます。一方、緯度が高くなるほど、太陽はよりななめから照りつけます。こうして、日本の南北の気温の違いが生まれるのです。

光の当たる角度が大きければ暖まりやすい

昼の時間の違い〔図1〕

季節によって、昼の時間の長さが異なるため、夏のほうが暑くなる。

夏至は昼間が長い

気温が高くなる

冬至は昼間が短い

気温が低くなる

太陽の当たる角度〔図2〕

太陽光の地球への当たり方が変わるため、季節によって気温が異なる。

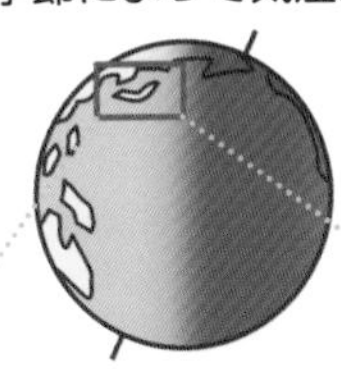

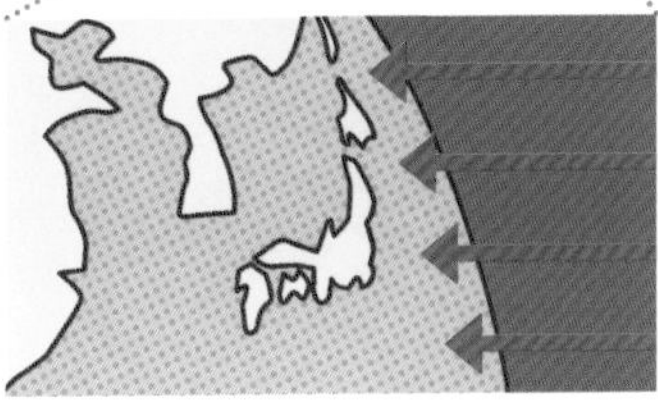

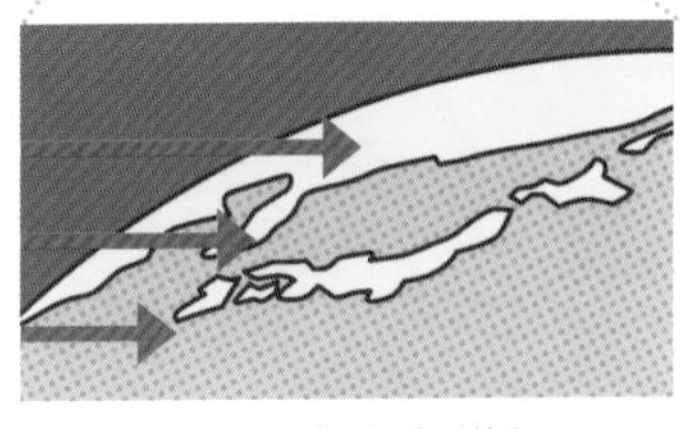

日射角度が高い

太陽の光が高い位置から当たるため、同じ面積で当たる光の量は多い。

気温が高くなる

日射角度が低い

太陽の光がななめから当たるため、同じ面積で当たる光の量は少ない。

気温が低くなる

もっと知りたい！
選んで天気
②

Q 世界で一番気温が低いところはどこ？

南極 or 北極 or エベレスト山頂

日本の観測史上の最低気温は北海道上川地方の－41.0℃（1902年1月25日）ですが、世界で最も寒いところはどこでしょうか？ 氷に包まれた南極と北極？ はたまた、標高が高くなるほど寒くなるので、世界最高峰エベレスト山の山頂でしょうか？

世界で一番気温が低いところはどこでしょうか？ まず、**平地と比べて寒い山の山頂**。標高が100m高くなると、約0.65℃ずつ気温が下がっていくといわれています。ならば世界の最高峰、標高8,848mのエベレスト山の山頂はさぞ寒かろうと想像できますね。

最も寒くなる１月のエベレスト山の山頂の平均気温は－35℃ほ

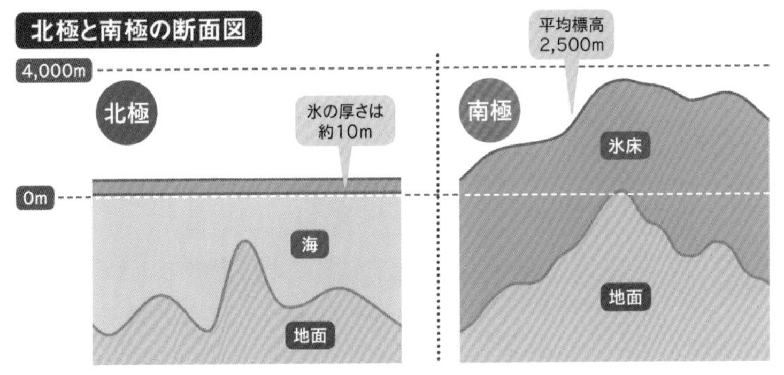

北極は海上に浮かぶ厚さ約10mの氷、一方、南極は平均標高約2,500mの氷の大陸。標高が高い南極の方が寒い。

どといわれます。ちなみに、山頂付近はジェット気流が吹き荒れていて、ヒトは近づけません。なので、エベレストへの登山はジェット気流がそれる季節をねらい、特に5月の登山が盛んです。

では、**北極と南極**はどうでしょうか？　どちらも緯度が高いので、地上に降り注ぐ太陽の光は、日本より弱くなります（➡P88）。また、どちらも氷でおおわれているため、太陽の光をほとんど反射してしまい、気温が上がりません。これまでに記録された**北極の平均気温は約－18℃、最低気温はシベリア・オイミヤコンの－71.2℃。**一方、**南極の平均気温は約－50℃、最低気温はボストーク基地の－89.2℃です。実は、北極より南極のほうが寒い**のです。

そもそも北極とは、北極海とその周辺の島や大陸の沿岸部のことで、北極点は北極海に浮かぶ氷上にあります。一方、南極は平均標高2,500mの氷の大陸〔上図〕。標高が高い分だけ、北極より南極のほうが寒いのです。また北極は海上、南極は陸上で、陸上のほうが空気が冷えやすいことも理由のひとつです。なので、世界で一番気温が低いところは「南極」です。

27 「大気が不安定」ってどんな状態？

［気温］

地上が暖かく、上空が冷たい状態。
雲ができやすく、**天気が悪くなりやすい**！

天気予報で「大気の状態が不安定」という言葉をよく聞きますよね。これは、どういう状態なのでしょうか？

大気の状態が不安定とは、**上空に（まわりより）冷たい空気のかたまりがあり、地上に（まわりより）暖かい空気のかたまりがある状態**のこと〔図1〕。冷たい空気は重いので下に降りようとし、暖かい空気は軽いので上に昇ろうとします。このとき、垂直方向に空気が移動する**「対流」が発生しやすくなり、この状態を「不安定」**と呼びます。

大気が不安定になると、積乱雲などの雲が発達しやすくなります。この積乱雲が雨を降らせると、やがて暖かく軽い空気の層が上空へ、冷たく重い空気の層が地上へ、という位置関係になり、「大気の状態が安定」します。つまり、**不安定な状態を雨が降ることで解消している**のです。

大気が不安定になる理由としては、以下のような例が挙げられます〔図2〕。

- 上空に寒気が入ってきた
- 夏に、強い日差しで地上の気温が急上昇した
- 夏に、暖かく湿った空気が流れ込んだ　など

雨が降ると、大気は安定した状態になる

▶大気の状態が安定／不安定とは？〔図1〕

地上に暖かい空気、上空に冷たい空気があると、「不安定」な状態から「安定」した状態になろうと、空気は「対流」という運動を起こす。

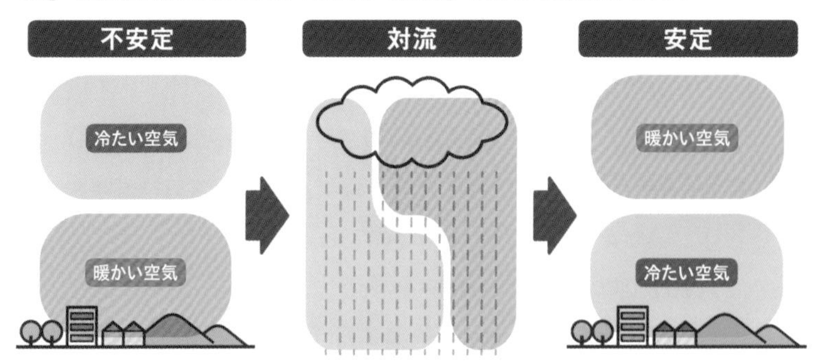

▶不安定になりやすい例〔図2〕

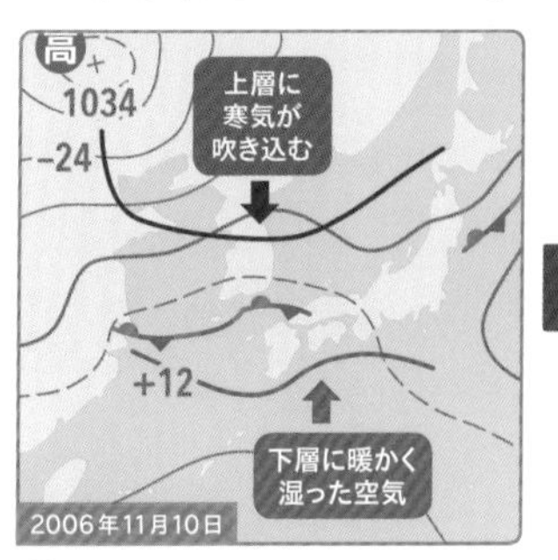

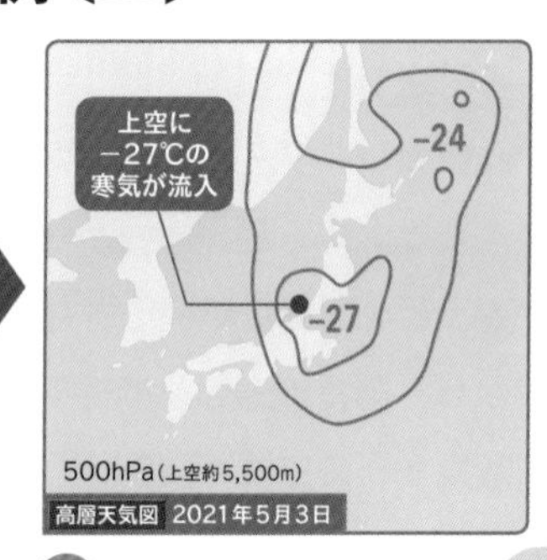

① 海上から湿った空気が入ってくる

上層に北から寒気が、下層に南から暖かく湿った空気が流れ込んで、大気が不安定に。2006年11月の愛媛では雷雨となり、一部の地域でひょうが降った。

② 太陽が地面を熱する

５月頃はまだ上空に寒気があり、日中の強い日差しで地面が暖められると、大気が不安定になり、積乱雲と雷が発生することも。

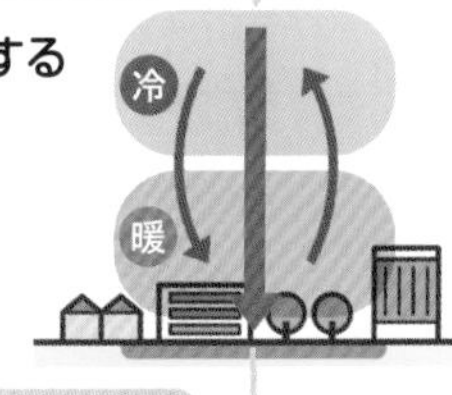

28 ［天気予報］ 30分後の雨雲の動き、どう予測している？

なるほど！ 過去と現在のデータを分析し、「補外予測」という手法で予測している！

突然の土砂降り、いつごろやむかな…。そんなとき、30分後の雨雲の動きを教えてくれる天気予報が、近年ではありますよね。これは、いったいどんなしくみなのでしょうか？

気象庁では、積乱雲の発生を予測し、５分刻みで１時間先までの雨雲の動きと降水の強さを予測する**「高解像度降水ナウキャスト」**を提供しています。予測には、**「補外予測」**という手法を使っています。これは、**過去と現在の雨雲の位置から、未来の雨雲の位置を予測する手法**です〔図1〕。

まず、気象レーダーなどで雨雲の様子を観測し、観測結果を時系列で並べます。すると、過去から現在にかけて、雨雲がどのくらいの速さで、どの方向に動いてきたのかが、分かりますよね。これらデータから、雨雲の動きを補外予測し、５分後の雨雲がどこにあるのかを計算するのです〔図2〕。

残念ながら、**予測時間が離れるごとに「補外予測」は予測精度が落ちます**。そのため、時間が離れるにつれ、「対流予測モデル」という別の予測方法に少しずつ切り替えて、予報結果を出しています。

民間の気象会社では、利用者に現在の天気報告をしてもらい、その報告を予測モデルの改善に活用したりもしています。

5分ごとの雨雲の動きを予測できる

補外予測とは?〔図1〕

すでにわかっているデータから、未来のデータを見積もる手法。

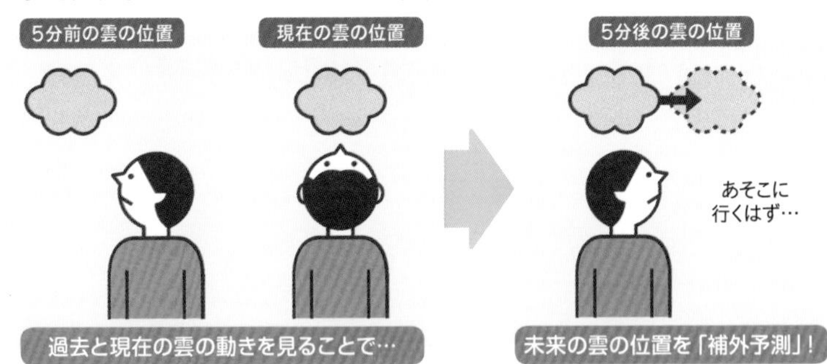

高解像度降水ナウキャストの予測〔図2〕

5分刻みで、1時間先までの雨雲の動きを予測する天気予報。

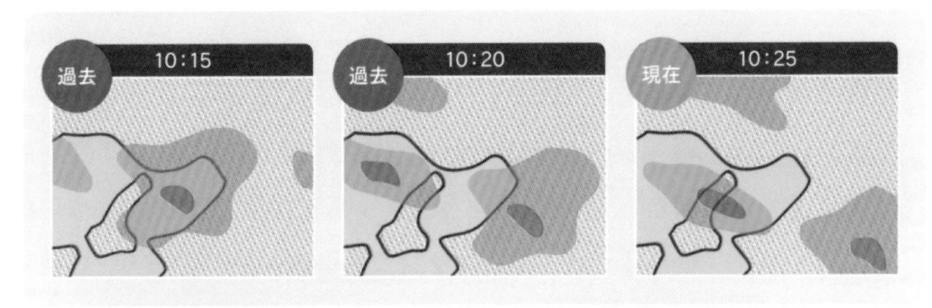

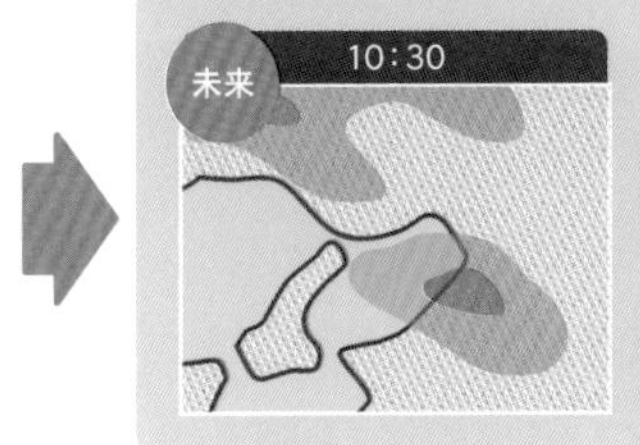

過去と現在の雨雲の位置から、5分先、10分先の雨雲の位置を補外予測する。

29 今後1か月間の天候はどう予想している？

［天気予報］

複数の予測値を**過去30年のデータ**と比べて、今後1か月間の**天気の傾向を予想**している！

「向こう1か月は、平年に比べ、晴れの日が多いでしょう」。このような長期の天気予報は、どうやって予測しているのでしょうか？

気象庁では、1か月・3か月・6か月先の気温、降水量（降雪量）などを予想しており、これらをまとめて**「季節予報」**と呼びます。季節予報では、「1か月後の最高気温は20℃」などと具体的な数値で予測することは難しいですが、**平年と比べたときのおおまかな傾向と、実際にそうなる確率を示すことができます**。

1か月予報の手順を見ていきます。まず、同時期の過去30年間のデータを三等分し、「低い」「平年並」「高い」のグループに分けます。次に、観測データをコンピューターに入力し、今後1か月間の気温や降水量などの予測値を50通り算出します。このように複数の予測値を使う手法を、**「アンサンブル予報」**といいます〔**図1**〕。

そして、**得られた予測値を、はじめに分けた「低い」「平年並」「高い」のグループに振り分け、出現確率を求めます**。例えば50個の予測気温のうち、「低い」が10個、「平年並」が15個、「高い」が25個なら、出現確率は「低い」が20％、「平年並」が30％、「高い」が50％となります。その数値を言葉に変えて、「北日本の今後1か月間の平均気温は高い」と発表しているのです〔**図2**〕。

季節予報では半年先の天候を予報

アンサンブル予報とは？〔図1〕

複数パターンの予測値を求めることで、予報の精度を上げる手法。

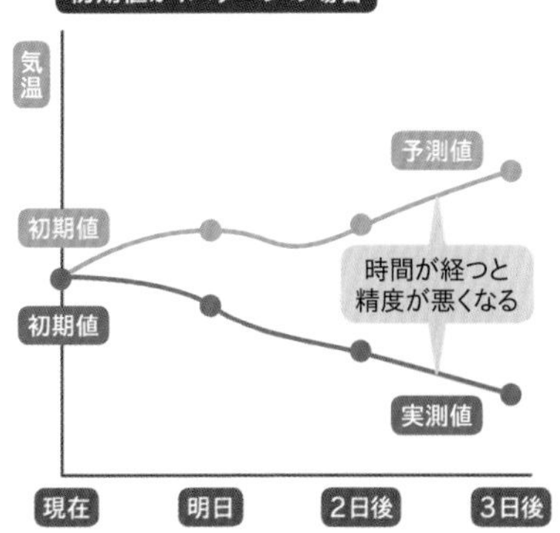

大気のふるまいはとても複雑で、観測データだけでは現在の大気のふるまいを完全には再現できない。予報期間が大きくなるほど、実測値と予測値の誤差は大きくなる。

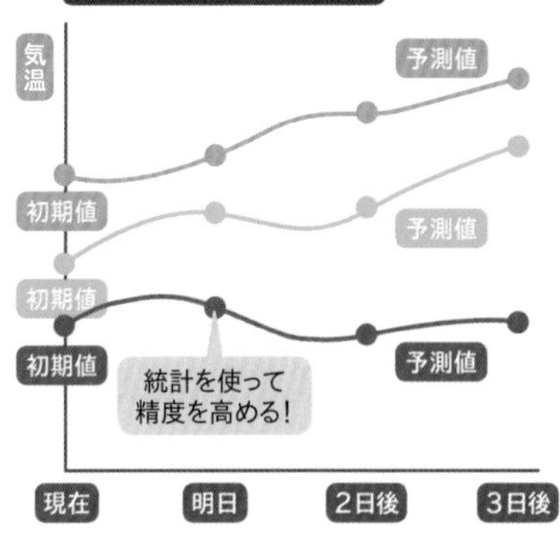

そこであらかじめ実測値に誤差が含まれているとし、たくさんの予報値の平均やばらつきなど統計的に処理し、予測の精度を高める「アンサンブル予報」を行う。

1か月予報の流れ〔図2〕

北日本の今後1か月間の平均気温は…

1. 同時期の過去30年のデータを「低い」「平年並」「高い」に振り分ける。
2. 観測データを収集し、コンピューターに入力。50通りの予報を算出する（アンサンブル予報）。
3. 1に当てはまるよう、2で求められた50通りの予測気温を振り分ける。
4. 3の結果、出現確率は、
   低い20％（10回）
   平年並30％（15回）
   高い50％（25回）
5. 4を言葉に変える。

1か月予報「北日本の今後1か月間の平均気温は高い」

30 ［天気予報］「降水確率」ってどう求めているの？

過去のデータから「翻訳ルール」をつくり、数値予報から降水確率を計算する！

「明日の降水確率は70％です」。天気予報でよく耳にしますが、この70％とはどんな意味をもつ数値なのでしょうか？

降水確率は、**ある地域で一定の時間内に、降水量１mm以上の雨（雪）が降る確率をあらわす数値**〔図1〕。雨の強さをあらわすものではないため、確率が大きいほど雨が強くなるわけではありません。

例えば、「東京の明日の降水確率は70％」という予報は、**「東京のどこかで、明日１mm以上の雨が降ると100回同じ予報が出されたとき、70回は雨が降る」**という雨の降りやすさを意味します。

降水確率０％の予報でも雨が降ることはあります。確率は10％刻みで発表され、０～４％は切り捨てられるためです。また、降水確率は１mm以上の雨が降る確率をあらわしているため、降水確率０％でも１mm未満の雨が降る可能性はあります。

東京の明日の降水確率の求め方を見てみましょう。数値予報で明日の湿度や降水量といった予測値を求めて（➡P80）、**「翻訳ルール」**にあてはめると、格子点ごとに降水確率が算出されます。翻訳ルールとは、過去のデータを元に作成された予測のための計算式です。そして、**東京地方内に含まれる格子点の降水確率を平均したものが、東京の明日の降水確率**として発表されるのです〔図2〕。

降水確率は雨が降るかどうかの確率

降水量1mmの雨とは？〔図1〕

降水確率は１mm以上の雨が降る確率を知らせる数値。例えば「1mmの降水量」とは、降った雨がどこにも流れず、水が深さ１mm溜まった場合を指す。

コップを放置し1mmたまれば、「1mmの降水量」となる。

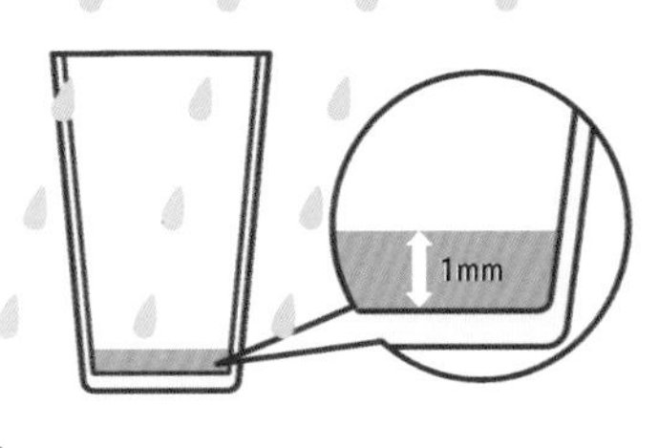

降水確率の求め方〔図2〕

数値予報の予測値を用いて、降水確率は計算される。

1

まず、降水確率を算出する「翻訳ルール」を用意。翻訳ルールは、過去の数値予報の結果と、実際に格子内で何%の降水があったか統計をとって作成する。

●月×日の数値予報結果	▲月■日の数値予報結果
850hPa湿度…40% 降水量…1mm	850hPa湿度…50% 降水量…0mm
●月×日、 実際に30%降水があった	▲月■日、 実際に10%降水があった

過去データの統計をとり「翻訳ルール」作成

翻訳ルール

「850hPaの湿度x%、降水量ymmなら、格子点の降水確率は30%」

2

東京の明日の数値予報の予測値を「翻訳ルール」にあてはめて、格子点（➡P81）ごとに降水確率を計算する。

東京の明日の数値予報の予測値 ➡ 翻訳ルール ➡

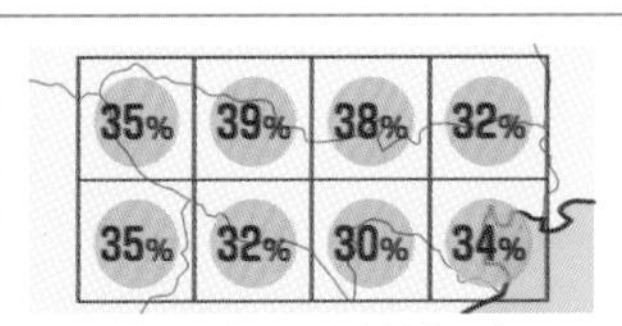

東京の降水確率は、東京地方に含まれる格子点の降水確率を平均したもの。

➡ 東京の明日の降水確率は 30%

※図版は、気象庁の資料をもとに作成。

もっと知りたい！
選んで天気
③

Q「晴れ時々雨」「晴れ一時（いちじ）雨」どちらが長く雨が降る？

時々 or 一時

天気予報では、たまに独特な言葉で天気が表現されます。なかでも、「晴れ時々雨」と「晴れ一時雨」は、どんな天気なのか、迷ってしまいませんか？　この「時々」と「一時」の違いは何でしょうか？

天気予報でいわれる**「時々」**と**「一時」**。どう違うのでしょうか？

どちらも、ある天気がどのくらい続くのかを表す言葉です。例えば、**「一時雨」とは、「雨が連続して続き、その雨の時間が予報期間の４分の１未満」**をあらわします。一方、**「時々雨」とは、「雨が断続的に起こり、雨が降っている合計時間が予報期間の２分の１未満」**

をあらわします。

かなりややこしい表現ですね。くわしく見てみましょう。

明日の天気が「晴れ一時雨」の場合は、**「明日はほとんど晴れですが、連続して雨が降る時間がある」**ということ。24時間のうち、雨の降る時間が合計6時間（4分の1）までと予想されたとき、「一時雨」となります〔上図〕。

一方、明日の天気が「晴れ時々雨」の場合は、**「明日は晴れたり雨が降ったりを繰り返す」**ということ。24時間のうち、雨の降る時間が合計12時間（2分の1）までと予想されたとき、「時々雨」となります。つまり、雨が長く降る可能性があるのは「晴れ時々雨」の方です。

ちなみに「晴れのち雨」という言葉もありますね。これは、「晴れているが、いずれ雨になる」という意味。天気予報では、天気が変わる具体的な時間帯が分かるように「晴れ昼過ぎから雨」などと表現して、あいまいな「のち雨」は使わないようにしています。

31 ［天気予報］「気象予報士」とは？どうすればなれるもの？

なるほど！ 天気予報の**キャスター以外にも活躍の場**が。なるには、**気象予報士の国家資格**が必要！

各種メディアで天気予報の解説をする気象予報士。こういった解説以外には、ほかにどんな仕事をしているのでしょうか？

気象予報士は、気象庁の観測データや独自の観測データを用いて、天気を予想する資格をもつ職業です。テレビなどの天気予報番組のキャスターとして番組に出演したり、天気予報の原稿をつくったりするほか、民間の気象会社に所属して特定地域の天気を予測したり、天気に関するアドバイスを行ったりする仕事があります〔図1〕。

民間の気象会社は、気象庁が対応していない、天気に関する情報を提供しています。市区町村単位の天気予報や花粉飛散予報、スキー場や農地などピンポイントな地域の天気予報。ほかにも、凍結・積雪をふまえた道路の監視など、小売業、流通業、漁業、レジャー施設といったさまざまな企業に対して、24時間365日体制で気象情報を提供しています。「今年は酷暑になる」などの天気の見通しから、飲料水メーカーなどに飲料水の需要をアドバイスするといった仕事もあるのです。

気象予報士は国家資格で、1月と8月の年2回、試験が行われます。大気の構造や物理に関する知識が求められ、合格率は5%程度と難易度も人気も高い資格です〔図2〕。

民間気象会社が局地的な天気予報を提供

気象予報士の仕事内容の例〔図1〕

天気予報のキャスター

番組などで、明日の気象情報を紹介する。

局地的な天気予報

イベント会場など、特定の場所の天気を調査する。

道路の天気の監視

降雪や凍結といった路面の状態の情報を提供する。

天気のアドバイス

天気予報や防災に関する、自治体・企業へのアドバイス。

普及活動・講演会など

講演会などで、天気や防災についての知識を普及。

気象情報の提供

天気予報の原稿などを作成し、メディアに提供する。

気象予報士になるには?〔図2〕

気象予報士は、民間気象会社で予報業務を行うために必要な資格。

気象予報士試験を受ける
（年2回実施。年齢制限はなし）

気象予報士の資格取得

テレビ局、新聞社、民間の気象会社に就職

気象庁に入るのに気象予報士の資格は必要？

気象庁職員は国家公務員なので、入庁するには、国家公務員採用試験に合格、または気象大学校を卒業する必要がある。しかし、気象庁に入るには、特に気象予報士の資格は必要ない。

32 ［天気予報］ 気象データはどうやって集めている？①

地上、海上、飛行場など、さまざまな場所で観測している！

　天気予報をつくるには、まず現在の気圧や気温などの気象データが必要です。これらのデータはどうやって集めているのでしょうか？

　ここではまず、地上気象観測、海上気象観測、航空気象観測という方法を紹介します。

　地上気象観測は、全国約60か所の気象台や自動化された「アメダス」と呼ばれる地域気象観測システムなどで行われます〔図1〕。気圧、気温、湿度、日照時間、降水量、風速・風向などの観測や、雨・雪・雷などの大気現象は、気象測器で自動的に行います。雲の形・量・高さの観測は、人の目で観測しています。地上気象観測で集めるデータは、天気予報でよく見られるものですね。

　海上気象観測は、気象観測船や海洋気象ブイで行われます〔図2〕。観測するのは気温や気圧など地上気象観測と同じですが、海面の水温・高さ（潮位）、波の様子も観測します。**「波浪注意報」**などは、海上気象観測の結果によって判断されています。

　航空気象観測は、飛行場で行われます。着陸時に雲を抜けるとき、どの高度で地上が見えるか判断するための、雲の高さを測る雲底観測や、風の観測、大気中での見通しなども観測されています。航空機の安全な離着陸をサポートするための観測です。

人の目による目視観測も行っている

地上で観測〔図1〕

気象台の露場

気象台などには、屋外で気象観測をする「観測露場」がある。

視程計
肉眼で見通せる距離を測る。

感雨計
雨粒・雪粒を検出する。

積雪深計
レーザーで積雪の深さを観測。

日照計
日照時間を観測。

正確な観測を行うため気象台の露場の面積は600m²

温度計・湿度計
温度と湿度を観測。

雨量計
降水量を観測。

アメダス

局地的な大気現象を自動的に観測する。

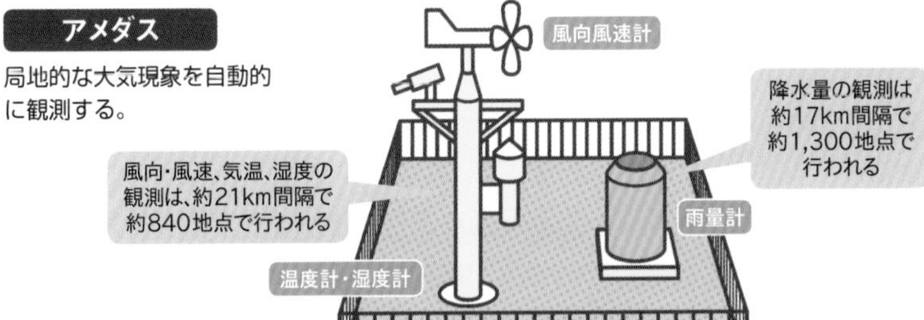

海上で観測〔図2〕

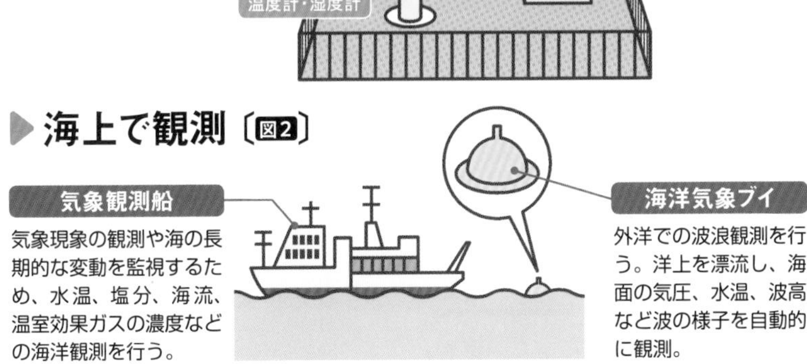

気象観測船

気象現象の観測や海の長期的な変動を監視するため、水温、塩分、海流、温室効果ガスの濃度などの海洋観測を行う。

海洋気象ブイ

外洋での波浪観測を行う。洋上を漂流し、海面の気圧、水温、波高など波の様子を自動的に観測。

33 気象データはどうやって集めている？②

［天気予報］

気球、衛星、電波など、いろいろな方法でデータを集めている！

現在の気圧や気温などの気象データは、どうやって集めているのでしょうか？　続いては、高層気象観測、気象衛星観測、気象レーダー観測という方法について紹介していきます。

高層気象観測では、高度約30kmまでの気圧、気温、湿度、風向、風速を**ラジオゾンデと呼ばれる機器をつけた気球で観測**します〔図1〕。ここで得られた情報から、対流圏の大気の状態をあらわす**「高層天気図」**を作成し、上空の大気が安定かどうか、寒気の動きや強さなどを判断しています。また、太陽の紫外線を吸収し生態系を守るオゾン層の状況も、気球で観測されています。

気象衛星観測では、**気象衛星ひまわりで地球の写真を撮影**し、雲の様子などを観測しています〔図2〕。観測カメラは雲の種類を区別したり、海水の温度を測ったりできます。これにより、現在起きている気象現象を察知できるようになりました。

気象レーダー観測では、**電波によって、雨（雪）が降っている場所までの距離や雨（雪）の強さを観測する機器**を使います〔図3〕。この機器とアメダスを使って、「解析雨量図」を作成します。よく天気予報でみる**雨雲レーダー**（降水量の分布図）がこの図で、降水短時間予報で役立っています。

衛星の雲の写真は誰でも見ることができる

気球で観測〔図1〕

気球につるした観測器（ラジオゾンデ）で、高度約30kmまでの気温、湿度、風向風速、気圧を観測。

ポイント

- 全国16か所の観測点、南極の昭和基地、海洋観測船で実施。
- 観測は世界各地で行われ、同時刻（日本では9時と21時）に実施。

衛星で観測〔図2〕

気象衛星で、宇宙から観測。同じ範囲を観測するため、台風、低気圧、前線などの変化を追える。

ポイント

- ひまわり8号と9号の2機を運用し、1機は待機運用。
- 赤道の上空約3万6,000kmを周回している。

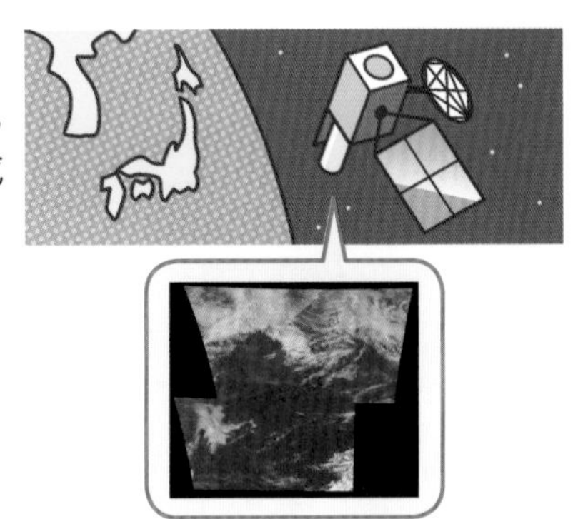

電波で観測〔図3〕

レーダーにより、大気中の雨雪の様子を観測する。雨雲（雪雲）の位置、降水域、降水の強さなどを観測する。

ポイント

- 全国20か所に設置。
- 半径数百kmの雨や雪を観測できる。

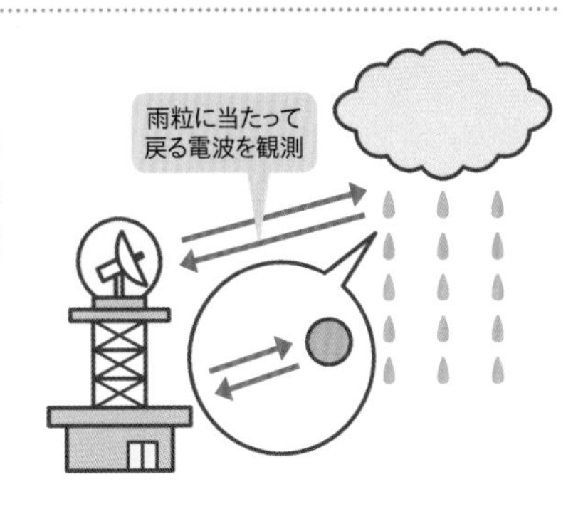

Q 日本で一番雨が多いのはどこ？

鹿児島県 屋久島 or 高知県 魚梁瀬（やなせ） or 三重県 尾鷲（おわせ）

日本は、世界の中でも雨がよく降る地域です。そんな日本で、一番雨が降るところはどこでしょうか？　年間降水量１位のその地域は、２日に１度は雨が降るといわれるほどの、多雨地帯です。

日本は、世界の中でも多雨地帯といわれるアジア・モンスーン地域に属し、**日本の年間の平均降水量は約1,718mm**と、世界平均の約２倍にあたります。

特に、日本で降水量の多い地域には、ある共通の特徴があります。年間降水量１～５位の地域にたくさんの雨を降らせるしくみは、**「地**

形性降雨」というしくみによって説明できます〔下図〕。

降水量の多い地域はたいてい海に面しており、黒潮や対馬海流という暖流のおかげで、気候が温暖です。海からの風によって、この暖かく湿った空気が県内の高い山地に吹き付け、空気が山の斜面に沿って上昇し、雲をつくります。**この雲に暖かい空気がどんどん流れ込むことで、夏から秋にかけて大雨が降るのです**（日本海側の地域は、冬に大雪が降ります）。

また、これらの地域は、台風が接近すると大雨が降りやすい地域でもあります。海が南東に面しているため、反時計回りに高温多湿な空気が流れ込みやすく、大雨を降らせるのです。

それでは、1年間の降水量（1～12月の合計値）の多い地域を、ベスト5まで見ていきましょう※。5位は和歌山県色川の3,784.7mm、4位は三重県尾鷲市の3,969.6mm、3位は高知県魚梁瀬の4,484mm、2位は宮崎県えびの市の4,625mmとなります。ちなみに、**三重県尾鷲市は、雨粒が大きく地面で激しくはね返ることから、「尾鷲の雨は下から降る」と言われるほどに、強い土砂降りが特徴です**。

そして年間降水量の1位は「鹿児島県屋久島」の4,651.7mmです。**鹿児島県屋久島は、2日に1度は雨が降るほど、降水量が多い島です**。黒潮からの湿った空気が山の斜面をのぼって雲ができやすいのです。

地形性降雨

湿った風が山にぶつかって上昇気流となり、雲ができて雨が降る。

※1991～2020年の平年値。

「花粉」の飛ぶ量はどうやって予想してる?

なるほど!
花粉は**計測器によって観測**し、
前年の夏の天気をもとに、飛散量を予測!

花粉症の人には重要な、花粉の飛散量予測などの**「花粉情報」**。どんなしくみなのでしょうか?

花粉情報は、自治体、民間の気象会社、医療機関などが提供する花粉の観測をもとにしています。現在、大気中に飛んでいる花粉の観測は、人が実際に花粉を数えるダーラム法と、機械による自動観測が行われています〔図1〕。この観測結果を収集・蓄積して、**今シーズンの花粉の飛散開始日と飛散量の予測**、そして**現在までの花粉飛散状況**を伝えたりします。

花粉の予測はどのようにしているのでしょうか?

例えば、スギ花粉の飛散量はスギの雄花の花粉生産量によります〔図2〕。そして**雄花の成長は、前年の夏の天気に左右されます**。前年の夏に日差しが多く気温が高かった場合、雄花はよく成長し飛散量は多くなりますが、平均気温が低い冷夏だった場合、雄花は成長せず、飛散量は少なくなります。

そんな**前年のスギの雄花の成長や前シーズンの花粉飛散結果から、コンピューターで飛散開始日や飛散量を計算します**。そして、今後の気温などの気象予測をふまえて、今シーズンの花粉情報を予測しています。

スギの雄花の観測で飛散量が割り出せる

▶ 花粉を観測する〔図1〕

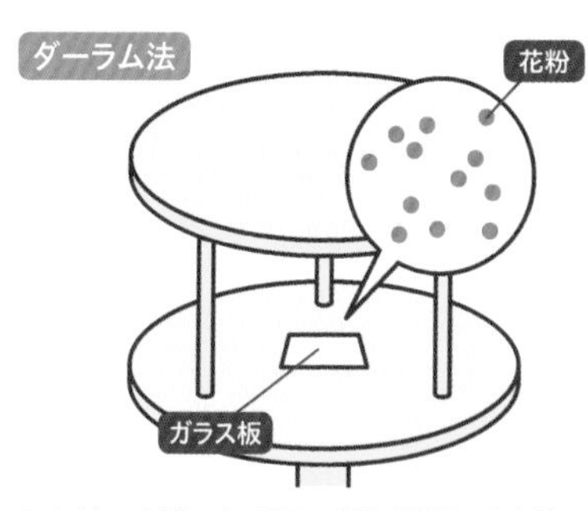

ワセリンを塗ったガラス板を屋外に24時間設置し、その上についた花粉を顕微鏡で計測する方法。

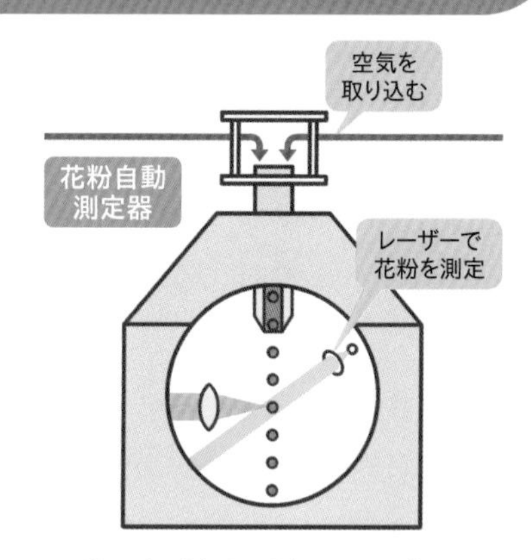

ポンプで空気を吸引し、レーザーを当てて散乱する光の量を見ることで、花粉粒子の大きさと数を測定する。

▶ 花粉飛散量の予測の流れ〔図2〕

❶ 前年夏の天気がスギの雄花の成長に影響する。そのため、前年にスギの雄花の観測を行う。

❷ スギの雄花の観測データ、スギ林の面積などから、今年の花粉の総飛散量を割り出す。

20XX年　ピーク予測

	2月	3月	4月
大阪			
広島			
高松			

❸ 予測された花粉の総飛散量をもとに、今季の花粉発生数を予測。

❹ 気温や風向から、翌日や週間の花粉飛散量を紹介することも。

春の天気①　なぜ「三寒四温（さんかんしおん）」になる？

なるほど！
気温が変わりやすいのは、
高気圧と低気圧が**交互に通過**するため！

季節ごとに天気図は異なります。春の天気図から見てみましょう。

春先、暖かくなってきたと思ったら急に寒くなる…。いわゆる**「三寒四温」**と呼ばれる現象ですが、これは**西から東に吹く「偏西風」が原因**です。

２月中旬を過ぎると、シベリア気団の勢力が次第に弱くなり、偏西風が日本上空を蛇行するようになります。偏西風により、西から東へ高気圧と低気圧が順番に通過するため、気圧配置が毎日のように変わり、**通過日数は一定ではありませんが、高気圧が約３日、低気圧が約３日と、約１週間の周期で天気が変わります**〔右図〕。

高気圧が日本をおおうときは暖かく晴れた日に。一方、低気圧が通過したあとは寒くなり、通過中は天気も崩れやすくなります。

西から東へ通過していく高気圧は、**「移動性高気圧」**と呼ばれます。大陸で生まれた高気圧は暖かく乾燥した空気で、晴れわたります。また春は大地の草木がまだ育っておらず、晴れて地面が暖まることで生じる上昇気流により、砂ぼこりが舞い上がりやすく、さらに気温が高くなると空気中の水蒸気が多くなるため、春の空はかすんで見えます。移動性高気圧の後にやってくるのが、**「温帯低気圧」**です。低気圧が日本海を進むようになると、春の訪れです。

偏西風が高気圧と低気圧を日本に運ぶ

春の天気は偏西風によるもの

偏西風が、高気圧と低気圧を交互に運んでくる。

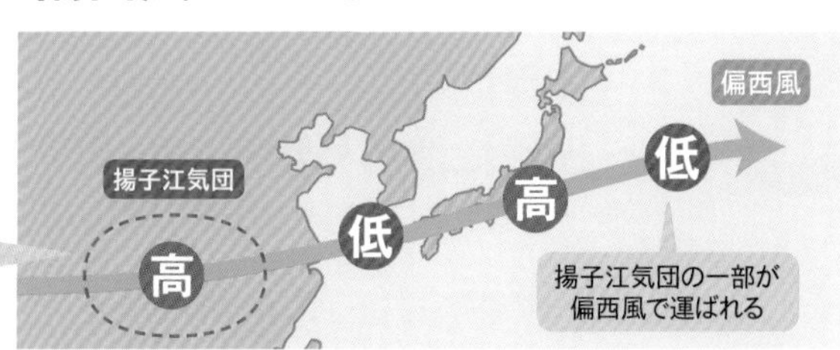

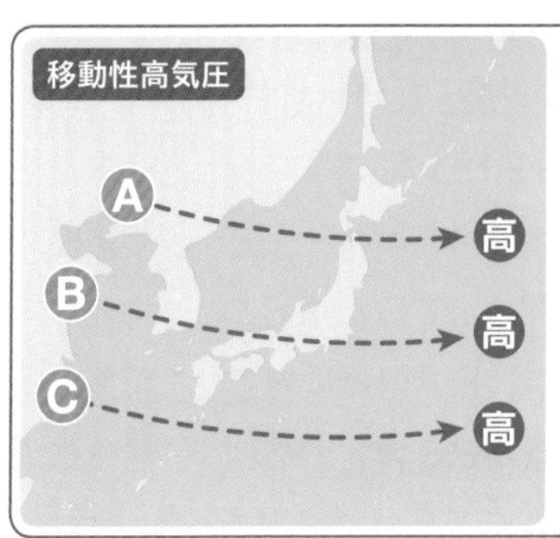

移動性高気圧が通過する場所によって天気が異なる。

A 北日本を通過すると 北日本は晴れるが、太平洋側は天気がぐずつくことも。

B 本州を通過すると 全国で天気は乾燥した晴天になる。

C 南海上を通過すると 北日本は雲におおわれ、高気圧が勢力を強めると東日本・西日本は晴天が続く。

約3日で入れかわる

温帯低気圧は、寒冷前線と温暖前線と一緒にあらわれる。

1. 温暖前線の東側では、**冷たい**東よりの風が吹く。
2. 寒冷前線の西側では、**冷たい**北よりの風が吹く。
3. 寒冷前線と温暖前線の間の領域は、**暖かい**南よりの風が吹く。

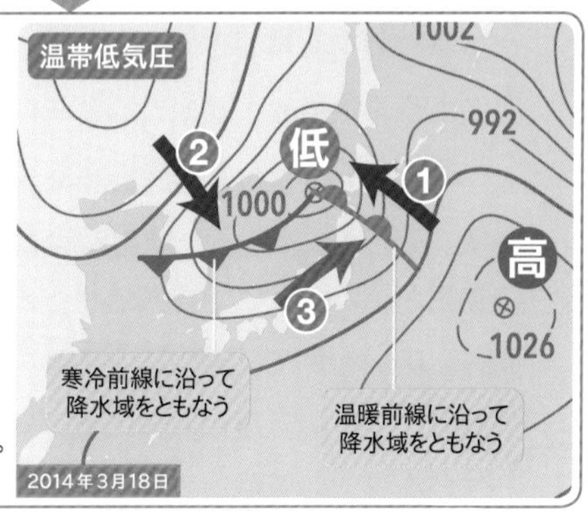

36 春の天気②「春一番」と「春の嵐」

［四季の気候］

2〜3月に初めて吹く南風が春一番。
3〜5月に激しく吹き荒れる南風が春の嵐！

「春一番」は春の訪れを知らせる南風です。

春は実は、強い風が吹きやすい季節です。**冬から春へ変わる間に初めて吹く、強く暖かい南風を「春一番」といいます**。気象庁では、「立春（2月4日頃）から春分（3月21日頃）までの間に、日本海を進む低気圧に向けて、風速8m／秒の南風が吹き、前日より気温が上昇する」と、春一番が吹いたと発表しています。

冬型の西高東低の気圧配置が崩れ、日本海側に発達した低気圧が進むと、そこに向かって南よりの風が吹きます。これが、春一番の正体です〔図1〕。春一番を起こした低気圧が通り過ぎると、大陸のシベリア高気圧から強い寒気が吹き込み、冬型の気圧配置に戻ることが多いです。ちなみに、春一番はもともと漁業者の間で、強い南風による海難事故を警戒するために広まった言葉です。

桜の花が咲く**3〜5月頃に激しく吹き荒れる、低気圧にともなう風は「春の嵐（メイストーム）」と呼びます**。北からの寒気と南からの暖気がぶつかって上昇気流が生まれ、低気圧が台風並みに急速に発達。広い範囲で大荒れの天気となります〔図2〕。特にこの時期、低気圧の中心の気圧が急激に低下する**「爆弾低気圧」**があらわれることがあり、台風並みの暴風を吹かせます。

温帯低気圧が吹かせる春の強い南風

▶春一番とは?〔図1〕

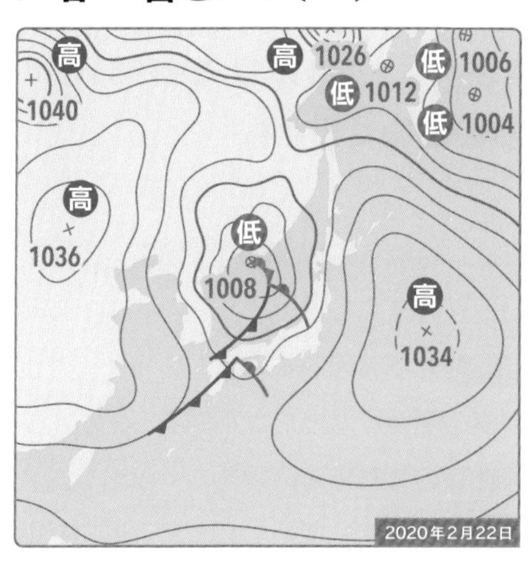

立春（2月4日頃）～春分（3月21日頃）に吹く、強い南風のこと。海難事故などの原因にも。

春一番の条件

- 立春～春分
- 日本海に低気圧
- 気温の上昇
- 毎秒8m以上強い南よりの風

2020年2月22日、日本海で低気圧が発達。全国的に雨や雪が降り、南よりの風が強まり、九州北部、関東で春一番が発表された。

▶春の嵐とは?〔図2〕

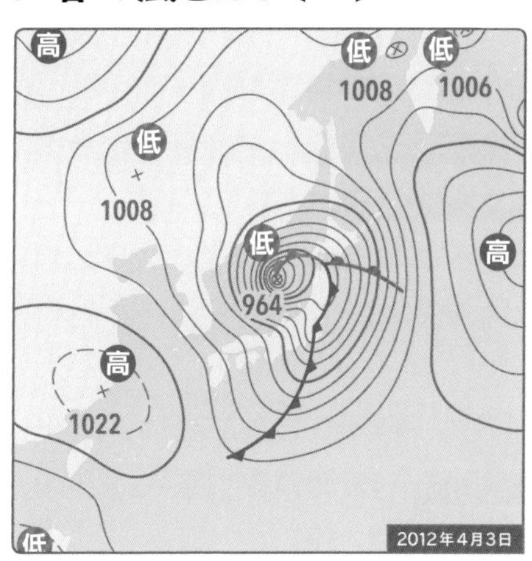

春に吹く台風並みの強風。急速に発達した温帯低気圧が原因。

春の嵐の条件

- 3～5月にかけて
- 北からの冷たい空気と南からの暖かい空気がぶつかって上昇気流が生まれ、温帯低気圧が急速に発達
- 春に発生する低気圧が、すべて「春の嵐」になるわけではない

2012年4月3日、低気圧が日本海を東南東に進み、24時間で42hPaも低くなる爆弾低気圧に。和歌山県友ヶ島では最大風速32.2m／秒を記録。

37
[四季の気候]

どうして毎年6月は「梅雨」がやってくる?

「オホーツク海高気圧」と「太平洋高気圧」がぶつかり、停滞前線をつくるから!

春から夏に変わる6月ごろは、しばらく雨が続く「梅雨」になります。なぜこの時期は、毎日雨が降るのでしょうか?

これは、**「停滞前線(梅雨前線)」**が原因です。北側の冷たく湿ったオホーツク海高気圧と、南側の暖かく湿った太平洋高気圧がぶつかり、2つの高気圧の空気の性質の差が停滞前線をつくり出します〔図1〕。オホーツク海高気圧は5月下旬に発生し、6月に最も発達しますが、これは**「ジェット気流」**によるもの。ジェット気流は、**偏西風の中で特に強い風の流れ**です。5月になるとチベット高原を通る際にジェット気流が南北に2つに分かれ、日本付近(オホーツク海)で合流します。そして、オホーツク海高気圧を発達させ、**オホーツク海高気圧と南の太平洋高気圧の間で湿った空気がぶつかり、停滞前線となって、雲をたくさんつくり雨をもたらします**。

停滞前線は、南北に揺れながら沖縄から東北へとゆっくり北上します。例年5月上旬に沖縄が梅雨入りし、7月下旬に東北の北部で梅雨明けとなります。

ちなみに、梅雨には種類があり、強い雨のあとにスッキリ晴れるメリハリがある梅雨は**「陽性型梅雨」**。弱い雨が長く続いてメリハリがない梅雨は**「陰性型梅雨」**と呼びます〔図2〕。

6~7月は前線が停滞し、雨が降り続く

梅雨になるしくみ〔図1〕

暖かい空気と冷たい空気がぶつかり、停滞前線ができて梅雨になる。

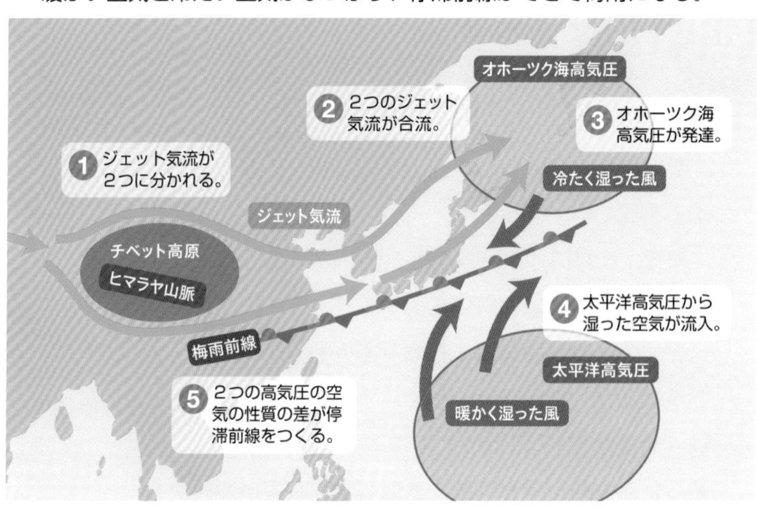

陰性型と陽性型の梅雨〔図2〕

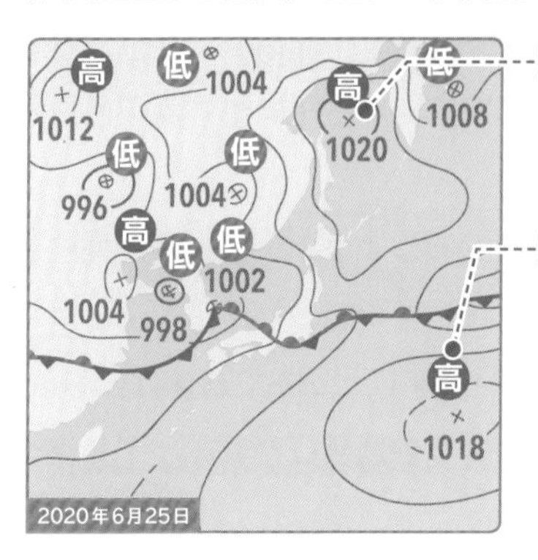

オホーツク海高気圧の勢力が強いと 陰性型

弱い雨が続いて天気のメリハリがない梅雨は「陰性型梅雨」と呼ばれる。

太平洋高気圧の勢力が強いと 陽性型

強い雨が降ったり晴れたりと、天気のメリハリのはっきりした梅雨は「陽性型梅雨」と呼ばれる。

38 夏の天気 どうして夏は暑くなる？

［四季の気候］

「**太平洋高気圧**」の勢力が強くなり、夏になる。
２つの高気圧が重なると「**猛暑**」になる！

夏はどうして暑いのか…？　夏が訪れるしくみ、猛暑が起こるしくみを見ていきましょう。

まず、7月にオホーツク海気団が弱まり、チベット高気圧が発達します。さらに偏西風が北上すると、日本の南東海上の「太平洋高気圧」の勢力が強まり、日本列島から梅雨前線がいなくなります。こうなると「梅雨明け」となり、暑い夏の到来です。**夏の気圧配置は「南高北低」**。日本は**太平洋高気圧におおわれ、南よりの暖かく湿った季節風が吹き込み、高温多湿な晴天が続きます**。

「太平洋高気圧」は、高温湿潤な空気のかたまりです。赤道付近で暖められて上昇した空気が北上し、北緯30度付近で下降して発生します。また、この空気の移動を**「ハドレー循環」**と呼びます。このハドレー循環の北上とともに、次第に高気圧は小笠原諸島方面から張り出します〔図1〕。

日本で猛暑になりやすいのはなぜでしょうか？　大陸で発生したチベット高気圧の勢力が、7～8月に強くなるとき、同時に太平洋高気圧が北西に偏り、日本まで張り出すことがあります。このとき、**太平洋高気圧とチベット高気圧の２つの高気圧が重なってしまうため、猛暑となるのです**〔図2〕。

赤道の空気が太平洋に高気圧を生む

夏をもたらす太平洋高気圧〔図1〕

赤道付近で暖められた空気がハドレー循環により運ばれて、太平洋高気圧が生まれる。

太平洋高気圧の発生

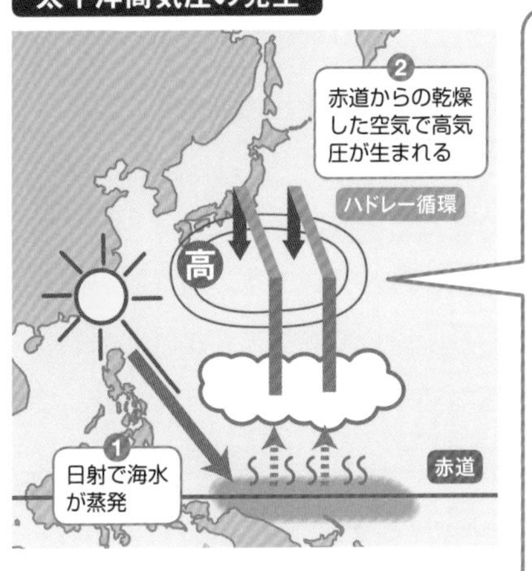

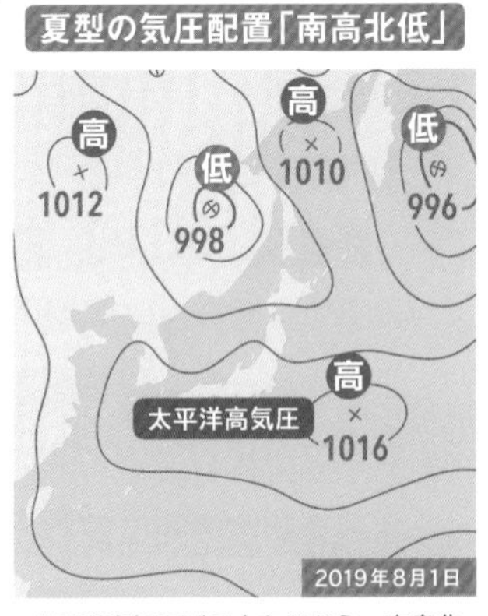

太平洋高気圧が日本をおおう、南高北低型の夏らしい気圧配置になる。この日は北海道の一部をのぞいて晴れに。

猛暑の天気図〔図2〕

チベット高気圧の勢力が東に張り出し、太平洋高気圧と重なると、晴れて暑い日が続いて、猛暑になる。

2つの高気圧の勢力は、インド洋やフィリピン沖付近での積乱雲の活動と関係している。

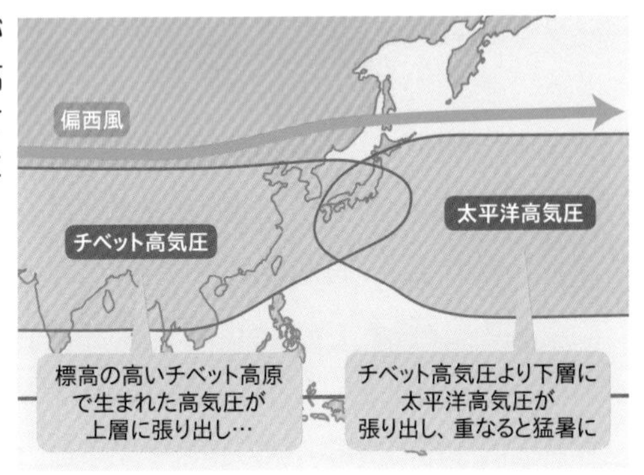

39 「台風」ってどんなもの？

［四季の気候］

海からの水蒸気をたくわえて発達した、暴風雨をもたらす自然現象！

夏から秋にかけて日本にやってくる台風。どのように生まれるものなのでしょうか？

ほとんどの台風は、熱帯の海で生まれます〔➡P122図2〕。海上の空気は暖かく、大量の水蒸気を含んでいます。暖かい空気は密度が小さいため、渦を巻きながら収束していきますが、その過程で上昇気流が生じて、上空に雲をつくります。雲ができるとき、つまり**水蒸気が水の粒に変わるときに、たくさんの熱が放出されます**（水の状態変化のときに発生する熱を潜熱といいます）。

この熱によって**まわりの空気が暖められて、空気の密度が小さくなるため、雲の中心部の気圧は下がります**。すると、雲の中心部よりも気圧が高い海面上の空気が中心部に向かって吹き込み、上昇気流の速度がどんどん強くなります。そして新たに上昇してきた水蒸気が雲をつくり、中心部の気圧がさらに下がる…ということをくり返すことで、どんどん勢力を強めていくのです。

このように、暖かい海から出てくる水蒸気をたくわえて発達し、**最大風速が秒速17.2m以上になったものが「台風」**と呼ばれます。最大風速が秒速17.2m未満のものは「熱帯低気圧」といいます。

天気予報で台風の雲の動きを見ると、渦が常に反時計回りになっ

写真提供：NASA

▶コリオリの力とは？〔図1〕

地球の自転により、北半球では動いている物体に右向きの慣性の力がはたらく。空気の流れは右側に曲げられ、反時計回りに渦を巻く。

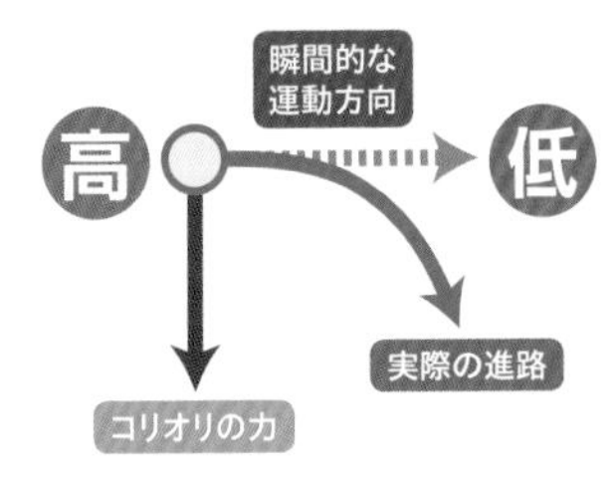

高気圧から低気圧に向かって吹く風が、コリオリの力によって向きが変えられ、反時計回りの渦に。

ていますね。これはなぜなのでしょうか？

それは、地球が東向きに自転しているため。動いている物体には、北半球では右向き（南半球では左向き）に慣性の力がはたらき、右へ右へと曲がる性質があり、この力は**「コリオリの力」**と呼ばれます〔図1〕。**コリオリの力によって空気の流れは右に曲がり、台風の渦は反時計回りの渦を巻きます**。逆に、コリオリの力がはたらかない赤道直下では、風が渦を巻かず、台風は発生しません。

気象庁は、毎年はじめに発生した台風を第1号として、発生順に番号を付けています。それとは別に、2000年から台風の防災に関する政府間組織「台風委員会」が台風に国際的な名前を付けています。例えば、2018年の台風29号は「ウサギ」と名付けられました。あらかじめ用意した140個の名前を台風の発生順に割り当て、使い切ったら一巡させているのです。

台風のエネルギー源は海の水蒸気

台風の一生〔図2〕

台風は暖かい熱帯の海上で生まれ、発達しながら日本に近づき、海からの水蒸気が減ると、熱帯低気圧や温帯低気圧に変わる。

1 発生期

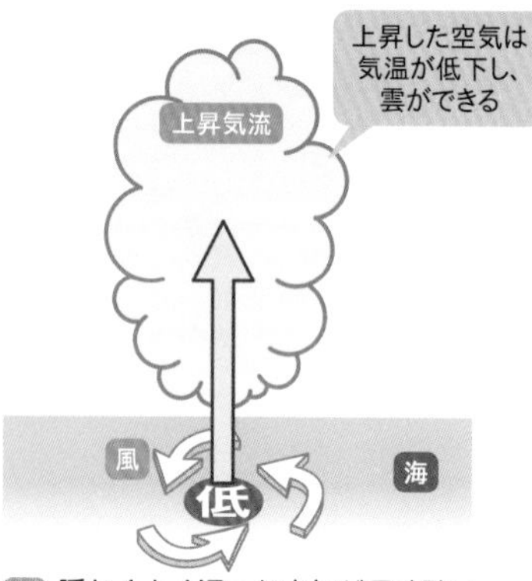

1 暖かくよく湿った空気が反時計回りに収束・上昇し、雲をつくる。

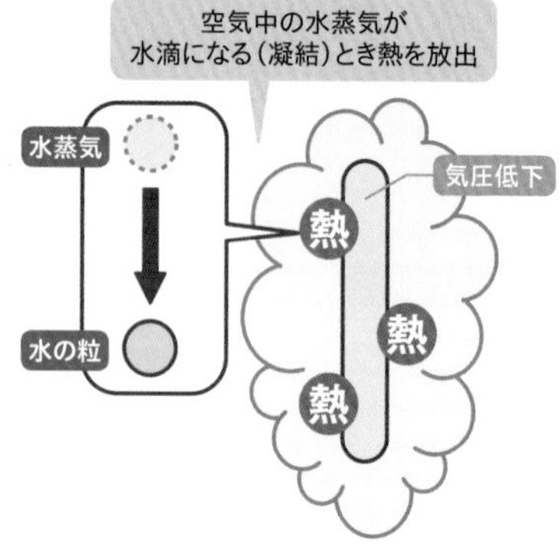

2 水蒸気から水滴になるときに放出された熱が空気を暖め、中心部の気圧が下がる。

3 気圧差から上昇する空気が増え、雲が発達。さらに熱が放出され、気圧が下がる。

1～3を繰り返し、雲（積乱雲）が発達して、最大風速が17.2m／秒以上のものを台風と呼ぶ。

「ハリケーン」って台風?

「ハリケーン」は、台風と同じく熱帯低気圧が発達したものです。発生場所と風速によって、呼び名が決まります。北大西洋および北太平洋東部で発生する、最大風速が32.7m／秒以上の熱帯低気圧を「ハリケーン」と呼びます。

2 発達期

中心気圧はどんどん下がり、暖かい海面からの水蒸気をたくくわえて発達。上昇気流の速度が上がり、渦の回転によって台風の目があらわれる。

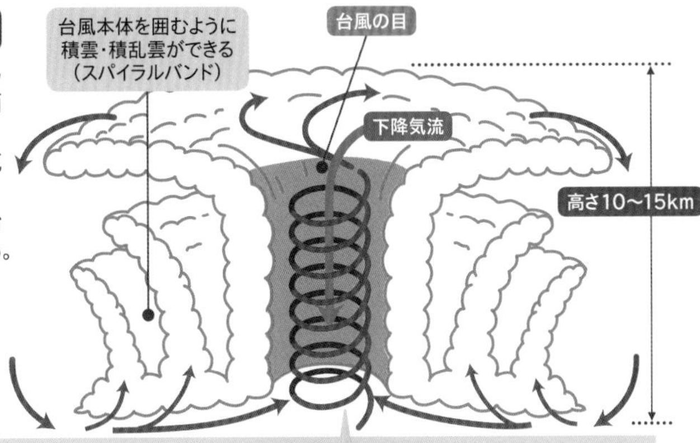

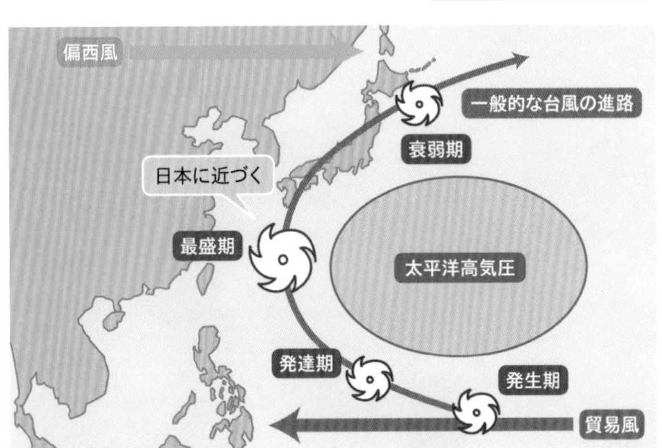

3 最盛期

中心気圧が最も下がり、最大風速が最も速く、周囲には暴風域ができる。日本付近に接近する台風は、ほとんどが最盛期と衰弱期のもの。

4 衰弱期

日本付近にくると、海面の水温が熱帯よりも低いため、海上からの水蒸気が減る。日本に上陸すると、地上との摩擦を受ける。すると台風は衰弱し、形が崩れ、中心付近の風速も弱まり、温帯低気圧や熱帯低気圧になる。

もっと知りたい！
選んで天気
⑤

Q 人が転ぶほどの「強風」はどれくらい？

平均風速 15m／秒	or	平均風速 25m／秒	or	平均風速 35m／秒

春一番や台風の強さを示すために、「風速〇〇メートル」という表現が使われますね。これ、どのくらい強風なのか、いまいちピンとこないという人も多いのではないでしょうか？　例えば、どのくらいの風速なら、人が転ぶほど強い風なのでしょうか？

思わず転んでしまうほどの強風とは、風速何m／秒なのでしょうか？　**台風の暴風域は最大風速25m／秒以上**です。危なそうとは思うものの、どのくらい危険か、実感がわきません。実は、**風速25m／秒は、「何かにつかまっていないと立っていられない」ほどの風**です。

最大風速とは「10分間の平均風速の最大値」を表します。しかし、風の強さは一定ではないので、瞬間的に最大風速の1.5倍の風が吹くこともあります（**瞬間風速**といい、3秒間の平均風速）。つまり、最大風速25m／秒の場合、瞬間風速は37m／秒に達します。

気象庁によると、平均風速10m／秒で傘がさせなくなり、15m／秒で風に向かって歩けなくなり、転ぶ人が出ます。平均風速20m／秒では、何かにつかまらないと立てなくなり、平均風速30m／秒になると、屋外での行動は危険レベルになります〔下図〕。なので答えは「平均風速15m／秒」です。

平均風速15m／秒の風は、風がヒトのカラダを10kg分の力で押してくる計算です。たいした力ではないように思えますが、風は強く吹いたり弱く吹いたりと絶えず変化し、不意打ちで強風は吹き付けます。10kgの力でも、カラダのバランスを崩して転ばせるには十分な力というわけです。

なので台風の日は、立てなくなるほどの風に出会う危険が高いので、外に出ず、おとなしく家にいることが大事ですね。ちなみに、世界で最も風が強いところは、ジェット気流が吹くエベレスト山の山頂で、ときには風速約90m／秒の風が吹き荒れるといわれます。

平均風速とヒトの様子

※気象庁「風の強さと吹き方」を参考に図版を作成。

40 ［四季の気候］ 日本はなぜ「台風」が多いの？

台風は１年中発生しているが、**夏と秋に発生した台風**が日本にやってきやすいから！

日本には、なぜたくさんの台風がやってくるのでしょうか？

実は、**台風は１年中、熱帯の海で発生しています**。１年に平均約25個の台風が発生して、特に８～９月に発生する数が最も多く、８～９月にかけて約６個ほどが日本に近づきます。季節によって台風が生まれる緯度は違います。そのため進路も変わるので、季節が変わると台風は日本に近づきにくくなるのです〔図1〕。

春の台風は、緯度の低い場所で発生します。常に東から西へ「偏東風」という風が吹くため、台風は西（フィリピン方面）に進みます。

夏の台風は、緯度の高い場所で発生します。台風は、まず北西へ移動した後、北緯30度あたりにいる太平洋高気圧のふちを回るように、北東へ向かいます〔図2〕。台風の進路が変わることを**「転向」**といい、**転向によって日本にやってくる台風が多くなります**。

秋（９月）の台風は、**西から東に吹く偏西風に乗って日本に上陸しやすくなります**。偏西風により、秋の台風は速く進みます。緯度の低い場所では時速約20kmですが、転向後は時速約40kmになり、またそれ以上になることも。また、秋の台風は大雨をもたらします。台風によって運ばれてきた暖かく湿った空気が、９月になって生じた秋雨前線（➡P132）とぶつかることで、大雨を降らせるのです。

台風は、熱帯の海で発生している

台風の代表的な進路〔図1〕

台風は1年中発生しているが、発生する緯度により、進路が変わる。8月と9月の台風がよく日本に接近する。

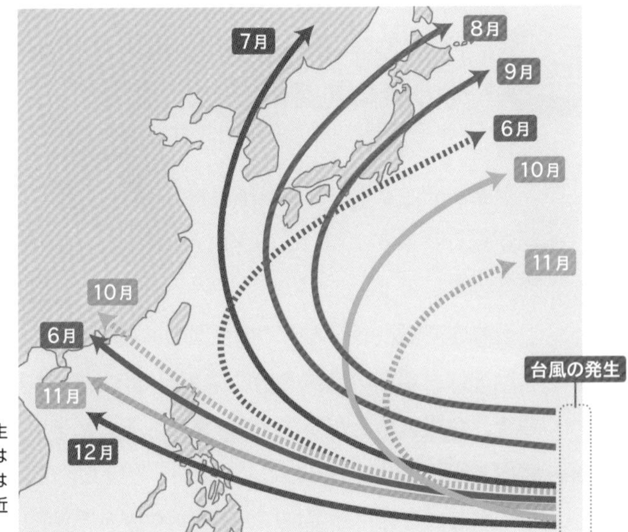

1～5月は台風が発生しても、日本列島には近づきにくい。5月は沖縄や小笠原諸島に近づくものも。

夏と秋の台風の進路は違う〔図2〕

台風は風の力で動き、太平洋高気圧のまわりの空気の流れに沿って、北上する。夏の台風は風に乗れず、ふらふらした進路を取ることもある。

秋になると偏西風が本州上空を通るため、台風は偏西風に乗って日本に上陸することが多くなる。偏西風によって加速するため、進路の右側で風が強まる。

※図2は日本気象協会の図版をもとに作成。

41 台風予報の丸い円は、何を示しているの?

［四季の気候］

なるほど！ 台風の**中心位置**、**暴風域の範囲**などを示し、その後の動きの**予想範囲**を示している！

台風が発生すると、天気予報などで今後の進み方を予想した天気図が見られますよね。この図はどのようなことを示しているのか、見てみましょう。

気象庁では、5日先までの台風の進路予報を発表しています。天気図では、現在の台風の中心は×印で示されます。また、**「○○時間後、台風の中心が70%の確率で入る」と予想される領域を「予報円」**という円であらわしています〔図1〕。台風の中心が予報円の中に来たときに、暴風域に入る可能性がある範囲も、暴風警戒域という領域によって示されています。

これらの予測は、**「アンサンブル予報」**で求めています(➡P96)。観測データをコンピューターに入力して、約50通りの台風進路予報を算出します。複数の進路予報をもとに、「平均」や「ばらつき」といった統計の手法を使い、台風がこれからどの方向にどれくらいの確率で進むのかを求めているのです。

予報円は、予報時間が長くなるほど大きくなります。これは、台風そのものが大きくなるわけではありません。予報時間が長くなるほど進路の予測のばらつきも大きくなるため、台風の中心が70%の確率で入る予報円も大きくなるのです〔図2〕。

台風の進路は、予報円で示される

台風の予報円〔図1〕台風の進路は、白い予報円であらわされる。

気象庁は、5日先の台風の中心位置を予測し、発表している。

台風の進路予報〔図2〕

「アンサンブル予報」で、中心位置が70%の確率で入る範囲を計算して、予報円を決定している。

台風のアンサンブル予報は、いろいろな国の台風の進路予測をデータに加えている。

明日
話したくなる
天気
の話
4

台風がたくさん来るワケ、来ないワケ

日本には、毎年台風がやってきて、大きな被害をもたらします。しかし、やたら台風が多かったり、とても少なかったり、年によってずいぶん差があるようです。これはなぜなのでしょうか？

気象庁によると、ここ30年間の**台風の年間発生数の平均は25.1個**。日本に接近した数は平均11.7個、上陸した数は平均3個です。

特に**2004年は、多くの台風が日本にやって来ました。19個が接近し、10個が上陸**。台風は、太平洋高気圧のふちをまわって北上しますが（➡P126）、この太平洋高気圧が平年より北にあり、日本付近に張り出したことで、台風の転向後の進路がふだんより北にずれて、日本に進みやすい状態が続いたのが原因とみられます。

一方、**2020年は台風が少なく、7個が接近、上陸したのは0個でした**。原因の1つ目は、**7月までの台風の「発生数」が2個と少なかったこと**（1～7月の平均値は7.7個）。これは、7月までインド洋の水温がふだんより高かったことで、台風の発生源である南シナ海やフィリピン沖で、台風の発生が抑えられたからです〔下図〕。

原因の2つ目は、**台風の発生位置がふだんより西よりだった**こと。そのため、ほとんどの台風がフィリピンや中国大陸に向かいました。先ほどのインド洋の水温上昇とラニーニャ現象（➡P166）が原因とみられています。

台風が多いワケ、少ないワケ

2004年の夏ごろのようす

発達した太平洋高気圧が日本付近に張り出し、台風が上陸しやすい進路になった。

❷ 発生した台風は太平洋高気圧のふちを回って日本へ。

台風多

台風が日本に接近しやすい太平洋高気圧の配置に！

2020年7月ごろのようす

インド洋の海面水温の上昇が影響し、南シナ海・フィリピン沖で台風の発生数が減少。

❶ インド洋の海面水温が高く、大気の対流活動が活発化。

大気が下降

インド洋

南シナ海・フィリピン沖

❷ ❶の影響で、南シナ海・フィリピン沖で大気の対流活動が不活発に。

❸ 太平洋高気圧が西に張り出す。

太平洋高気圧

台風少

南シナ海・フィリピン沖で台風が発生しにくい！

42 ［四季の気候］ 秋の天気① 「秋の長雨」と「秋晴れ」

「秋の長雨」は秋雨前線によるもの。
その後、高気圧におおわれて「秋晴れ」に！

夏から秋に季節が変わる９月頃は、雨の降りやすい**「秋の長雨（秋霖（しゅうりん））」**の時期です。

長雨とは数日間降り続く雨で、９月頃は雨やくもりなどぐずついた「秋の長雨」が続きます。南東に後退した**暖かく湿った太平洋高気圧と、日本付近に進んできた冷たい空気をもつ移動性高気圧との境目に、停滞前線（秋雨前線）があらわれます**。この秋雨前線が、日本列島にとどまることが、「秋の長雨」が起こる原因です〔図1〕。

秋雨前線に台風が近づくと豪雨になることがあるため、秋は降水量が多くなります。

１０月になると太平洋高気圧が完全に後退し、日本から秋雨前線が去ると、春と同じように、**西から東へ低気圧と高気圧が交互に日本を通過するようになり、天気が変わりやすくなります**。

大陸生まれの乾いた移動性高気圧におおわれると、**「秋晴れ」**になります〔図2〕。秋は空気が澄み、よく晴れわたりますよね。クリアな空になる理由は、**空気中の水蒸気やちり、ほこりが減るため**。秋分の日（９月23日頃）を過ぎて日差しが弱くなると大気の対流が起こりにくく、強い風が吹かないため、地面上の土や砂が舞い上がりにくくなるのです。

秋雨前線は、長くはとどまらない

秋の長雨のしくみ〔図1〕

太平洋高気圧と、大陸からの移動性高気圧の間に停滞前線ができると長雨になる。

秋雨前線（停滞前線）は大雨を降らせることもあり、台風が近づくと豪雨になる。

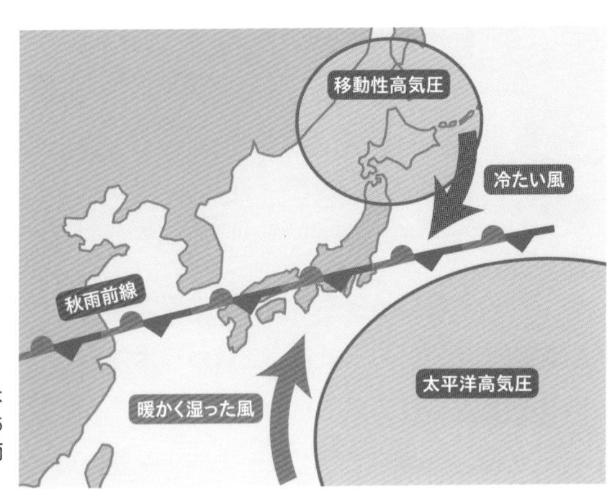

秋晴れのしくみ〔図2〕

移動性高気圧におおわれると秋晴れとなる。高気圧が次々とやってきて、「帯状高気圧」になると、長く晴れる。

秋は空気が澄んで、高い所に雲ができるため、空が高く感じる。

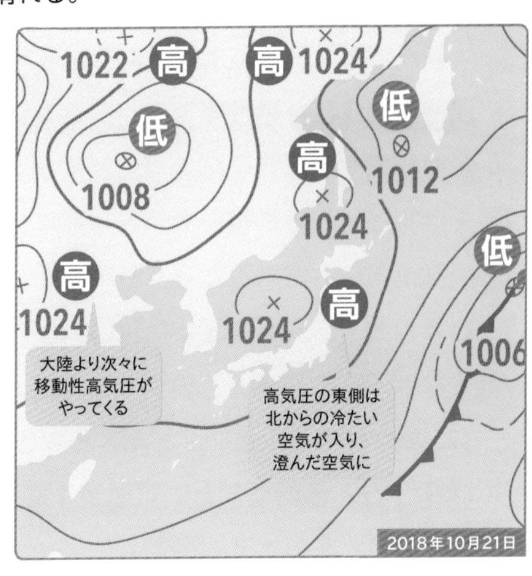

43 ［四季の気候］ 秋の天気② 「木枯(こが)らし」って何？

太平洋側で吹く、冬の訪れを告げる風。
「西高東低型」が「木枯らし」を吹かせる！

秋の終わりから冬の初めに**太平洋側で、北から冷たく乾いた強風が吹く**ことがあります。これが**「木枯らし」**と呼ばれるもので、**冬の訪れを告げる風**とされています。11月になると、低気圧が通過した後、一時的に西高東低の気圧配置になります。これが太平洋側に「木枯らし」を吹かせます〔図1〕。

このとき、日本海側では**「時雨・通り雨」**が降ります。時雨は、何度も降ったりやんだりする雨で、北陸では昔から「弁当忘れても傘忘れるな」といわれていたりします。

秋から冬への天気も見てみましょう。**10～11月の秋になると、温帯低気圧と移動性高気圧が日本を交互に通過し、天気はくるくる変わります**。低気圧が近づくと暖かくなり、雨が降ります。雨は長くは続かず、その後、大陸から寒気が流れ込んで寒くなります。

高気圧におおわれたら「秋晴れ」となって暖かくなりますが、晴れることで放射冷却（➡P162）も強まり、朝晩の冷え込みが厳しくなっていきます。このような気温の急な上下を一雨ごとにくり返し、秋が深まるごとに、どんどん寒さが増していきます。このため、**「秋は、ひと雨降るごとに気温が1℃下がる」**といわれ、これを**「一雨一度(ひとあめいちど)」**と呼びます〔図2〕。

「西高東低」が木枯らしを吹かせる

木枯らしとは?〔図1〕

秋に西高東低の気圧配置になる日は、太平洋側で「木枯らし」と呼ばれる北からの風が吹く。日本海側では雨が断続的に続く「時雨」が降る。

木枯らしの条件(東京の場合)

- 10月半ば~11月末日
- 西高東低の気圧配置
- 西北西~北の風向
- 最大風速が風速8m以上

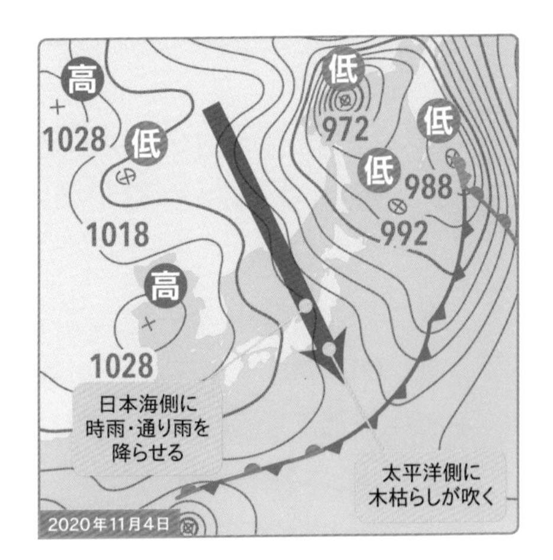

雨が降ると気温が下がる「一雨一度」〔図2〕

気温の急な上下と強い寒気の吹き込みのサイクルで、一雨ごとに秋が深まっていく。

低気圧が近づくと暖かくなるが、通過後に寒気が入り、寒くなる。

移動性高気圧が近づくと晴れるが、朝晩の放射冷却で寒くなる。

44 冬の天気① 冬はなぜ寒くなる？

［四季の気候］

「西高東低」の気圧配置により、強い寒気が流れ込んで寒くなる！

冬はとにかく寒いですよね。なぜなのでしょうか？

冬が寒いのは、太陽からの日射量が少なくなるのも原因ですが（➡P88）、**「西高東低」**の気圧配置になり、**大陸からの寒気が流れ込む**ことで、日本列島は寒くなります。

冬は、日本から見て西の大陸上にシベリア高気圧、東の千島列島付近に低気圧が居続ける「西高東低」の気圧配置になります〔右図〕。**シベリア高気圧は、とても冷たく乾いた空気のかたまり**です。大陸の内陸部は太陽の日差しが少なく、さらに放射冷却（➡P162）によって、シベリア地方の地上付近の気温は－40～－50℃まで冷え込みます。冷たい空気は重いので、シベリア高気圧が発達するのです。

この高気圧から千島列島付近の低気圧に向けて北西の季節風が吹いて、日本列島の上空に寒気が吹き込み、寒くなるのです。

北西の季節風は、日本海を流れる対馬暖流の上を通るときに大量の水蒸気をたくわえます。この水蒸気が**日本海側に雪や雨を降らせ、太平洋側には乾いた冷たい風を吹かせます**。このとき、冷たい上空の季節風と暖かい海面上の空気によって対流が生まれ、日本海側では北西からの風に沿って、すじ雲が見られます。

冬は北西から吹く風が寒気を運ぶ

▶冬は北西から吹く風が寒気を運ぶ

大陸の内陸部では、放射冷却により地表が寒くなり、冷たく乾いたシベリア高気圧ができる。

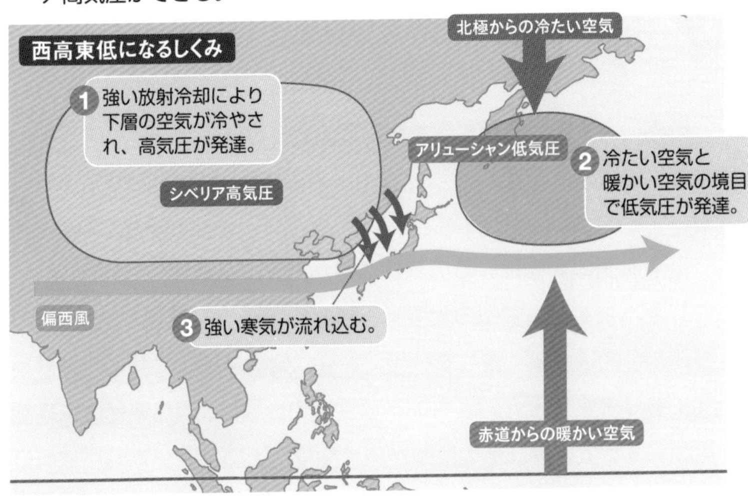

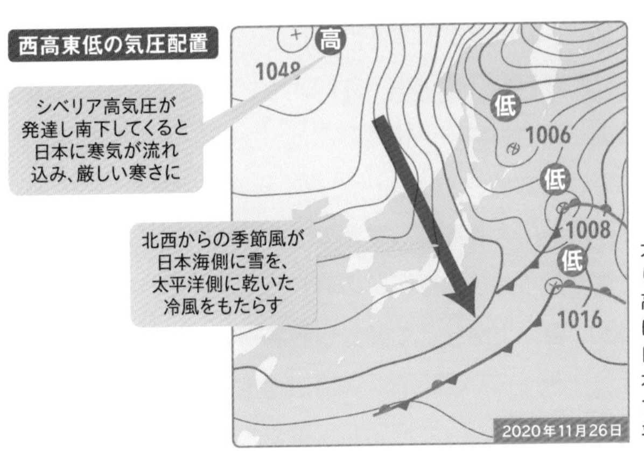

大陸からの高気圧が張り出し、北日本は「西高東低型の気圧配置」に。2020年11月26日は北日本〜北陸の日本海側のところどころで雨や雪が降った。太平洋側は晴れた。

45 冬の天気②
日本に雪が降るしくみは?

［四季の気候］

大雪かどうかは、**寒気の強さ次第**。
日本海側の大雪は**山雪型**、**里雪型**がある！

日本に大雪が降るかどうかは、冬の寒気の強さ＝シベリア高気圧の勢力で決まります。上空5,500m付近の気温が－30℃以下だと雪、－36℃以下だと大雪、－42℃以下だと豪雪と予想されます。

日本海側の大雪は、その降雪の特徴から**「山雪型」**と**「里雪型」**に分かれます。山雪型の大雪は、**西高東低の気圧配置が強まって、等圧線の間隔が狭く縦じま模様になり、雪雲が筋状に並ぶと降りやすくなります**〔右図**1**〕。一方、里雪型の大雪は、**西高東低の気圧配置が弱まって、等圧線の間隔が広くなり、上空に強い寒気が流れ込み大気が不安定になると降りやすくなります**〔右図**2**〕。

右図**2**のように、等圧線が日本海に袋状にとび出た気圧配置の場合、**「JPCZ（日本海寒帯気団収束帯）」**が発生することがあります。JPCZとは雪雲が発達しやすい領域のこと。大陸からの寒気が日本海に流れ込んで、長さ約1,000kmに達する帯状の雪雲をつくり、この雪雲の上陸地点に大雪を降らせるのです。

太平洋側に雪を降らせるのは、冬の終わりにあらわれる**南岸低気圧**です〔右図**3**〕。東シナ海などで発生した温帯低気圧が本州に近づき、上空に寒気が残っているとき、太平洋側に大雪を降らせます。温帯低気圧が北東に進むと、北日本も大雨や大雪になります。

雪が降る原因は場所によって異なる

雪を降らせる代表的な天気図

1 山雪型の気圧配置

西高東低の気圧配置が強まり、等圧線の間隔が狭く縦じま模様になり、雪雲が筋状に並ぶと起こりやすい。

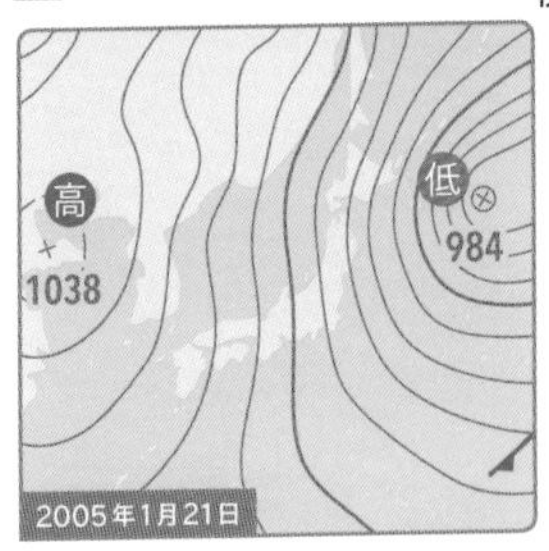

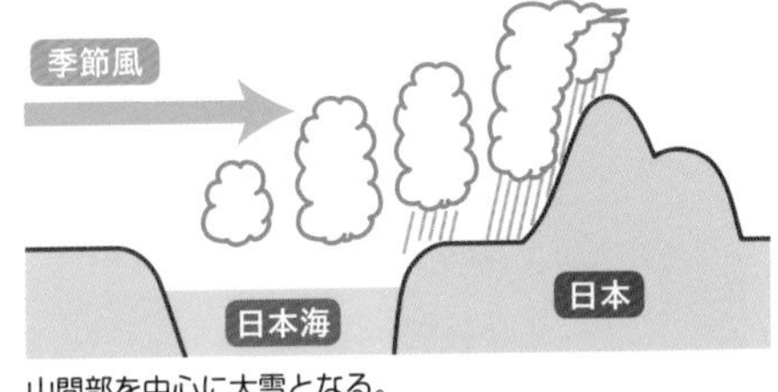

山間部を中心に大雪となる。

2 里雪型の気圧配置

西高東低の気圧配置が弱まって等圧線の間隔が広がり、上空に寒気が流れ込み大気が不安定になると起こりやすい。

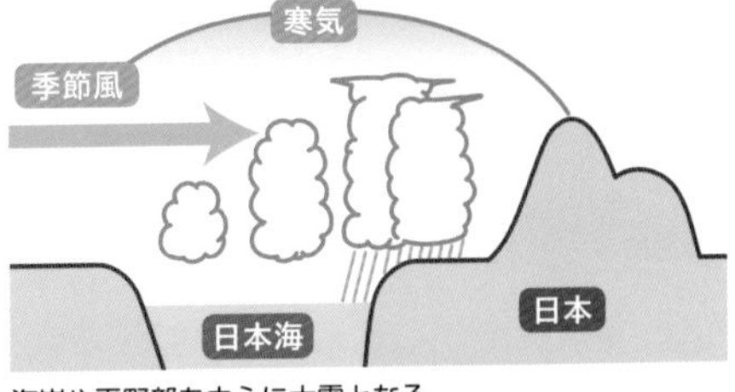

海岸や平野部を中心に大雪となる。

3 南岸低気圧

東シナ海・台湾付近で発生し、東進しながら発達し、日本列島南岸に雪や雨、北～北東の強風をもたらす。

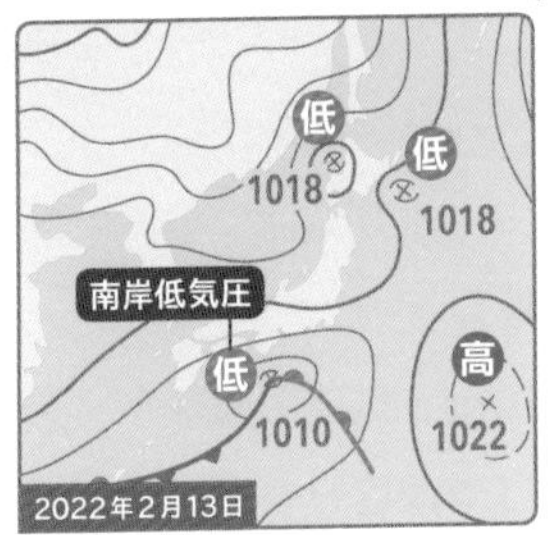

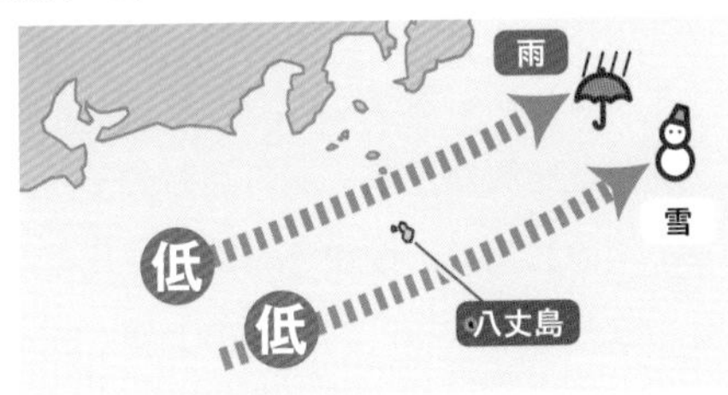

通るコースによって天気の目安になることも。

明日話したくなる
天気の話
5

空気が澄んでいる？冬の夜空が美しい理由

冬は星空がとてもきれいに見えますね。これにはいくつか理由があります。

理由の１つ目は、**冬の空気が乾いていること**。春は、空気中に多く含まれる水蒸気が、光が進むのを邪魔します。そのため、空がかすんでしまいます。一方、冬は、大陸のシベリア高気圧から冷たく乾いた空気が日本に流れ込むので、大気中に水蒸気は少なく、大気が澄みわたり、星がきれいに見えるのです。

また冬になると、日本の上空を吹くジェット気流の風速が、最も速くなります。**この強風が、空気中のチリやほこりを吹き飛ばす**ため、地上から上空まで澄んだ空になるのです。

理由の２つ目は、**「星のまたたき」**です。星をよく見ていると、きらきらと点滅するようにまたたいていますよね。これは「大気のゆらぎ」によるものです。そのしくみは蜃気楼（➡P68）と同じです。

大気の中で、風や温度・湿度の違いによって、場所によって空気の密度に差ができます。密度差のあるところで、**光は密度の大きい方へ屈折する性質があり、星の見かけの方向や光の強さが細かく変化するために、星はきらきらとまたたいて見える**のです〔下図〕。ちなみに、宇宙には空気がないので、宇宙で星がまたたいて見えることはありません。

３つ目の理由は、**冬は特に明るい星が見られる季節である**こと。星空の中で特に明るい**「一等星」**は全部で21個ありますが、そのうち７個が冬に見られる星です。白色のシリウス、青色のリゲル、オレンジ色のアルデバランなど、星の色もカラフルです。

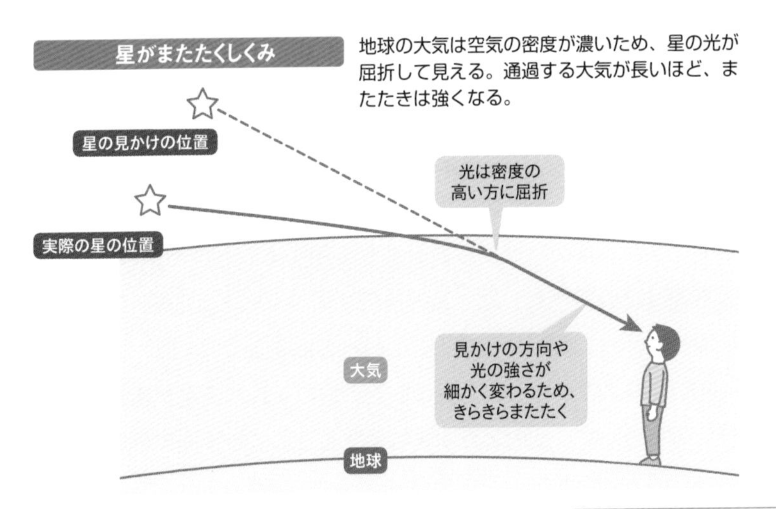

46 [天気予報] 「明日の天気」は一般人でも予測できる?

空や生き物の様子を観察する「**観天望気**」で、**明日の天気がわかる**かも!

出かける予定があるとき、天気予報を見なくても天気が予測できると便利ですよね。そこで役に立つのが、**「観天望気」**。**「夕焼けの翌日は晴れ」などの昔からの言い伝えです。空や雲のようす、生き物の動きを観察して天気を予測**します。昔の人の経験から生まれたものですが、科学的説明のつくものが多くあります〔図1〕。

例えば**「夕焼けの翌日は晴れ」**。天気は西から東へ変わっていきます。夕日が輝いているということは、夕方の西の空に雲がないということ。雲のない天気が近づいてくるので、翌日は晴れる可能性が高く、春と秋に良くあたります。(ただし、台風のときは当てはまりません)。次に**「ツバメが低く飛ぶと雨」**。雨が近づくと湿気が多くなって、ツバメが食べる蚊などの虫の羽が湿って重くなり、低いところを飛ぶようになるため、えさを追いかけるツバメが低く飛ぶ。すると後には雨になるということです。

空に浮かぶ雲の種類からも天気を予測することができます。**「おぼろ雲は雨の前ぶれ」**は、温暖前線が近づくとおぼろ雲(高層雲)が現れるから〔図2〕。夜の「星がちらちらすると雨」は、前線や低気圧が近づいてくると、上空の空気の流れが乱れて星がまたたいて見えるためです。空のようすを観察すると天気を予測できますね。

いろいろな観天望気がある

空、雲、生き物のようすから予測〔図1〕

夕焼けの翌日は晴れ

天気は西→東に変わる。西の空が晴れているので、翌日も晴れる。

ツバメが低く飛ぶと雨

雨が近づき湿度が高くなると、ツバメのえさとなる虫が低く飛ぶようになるため。

山に傘雲がかかると雨

山に傘雲ができる＝上空の湿度が高い。間もなく地上でも雨が降り出すと予測。

雲の種類から予測〔図2〕

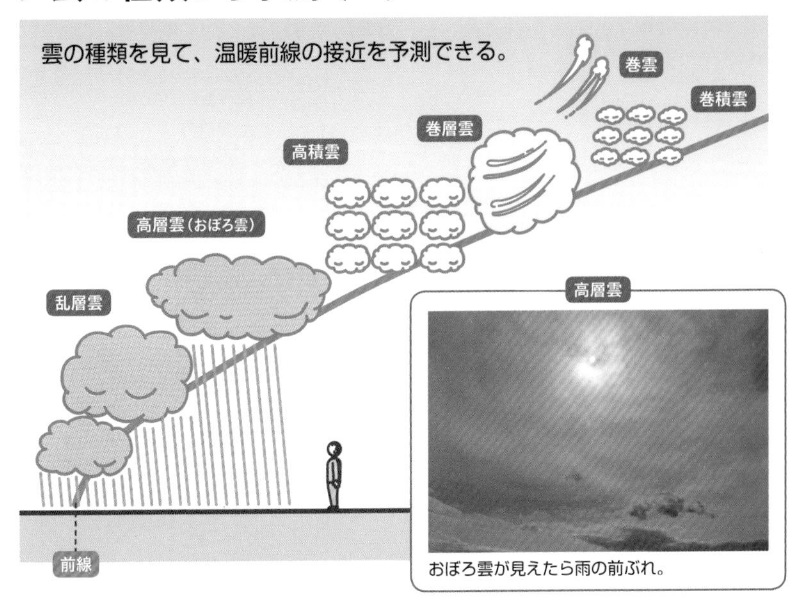

おぼろ雲が見えたら雨の前ぶれ。

天気を計算するリチャードソンの夢

ルイス・フライ・リチャードソン

〔1881～1953〕

リチャードソンは、現在の天気予報には欠かせない数値計算による天気予報を思いつき、それを人力で試みたイギリスの数学者・気象学者です。

現在の天気予報は、物理法則に基づいた数値計算によって、大気の動きを予測する「数値予報（➡P80）」という方式で行われています。リチャードソンは、国立物理学研究所、気象庁、大学などで働くうち、計算式をもとに未来の天気を予測する方法を思いつきました。そしてまだ電卓やコンピューターがない時代に、手計算による天気予報に挑戦したのです。

まず、リチャードソンは中央ヨーロッパの気象観測データを入手しました。そして、1910年5月20日午前7時のデータを利用して、6時間後の天気を予測する実験を試みました。計算しやすいように、中央ヨーロッパの地図を格子状に分割したうえで、それぞれの地点の6時間後の予測値を手計算したのです。

計算は6週間におよび、ありえない予測値をはじき出して、失敗に終わります。彼はこの実験を本にまとめ、「指揮者のもと64,000人いれば、計算による天気予報は可能である」という夢を語りました。

リチャードソンの試みは数値予報研究の基礎となり、その後コンピューターの出現で、彼の夢は実現することになるのです。

3章

もっと知りたい！
空と気象のあれこれ

偏西風、集中豪雨、放射冷却、エルニーニョ現象、
地球温暖化、オゾンホール…。
むずかしいけど覚えておきたい、
空と気象のいろいろな話を紹介します。

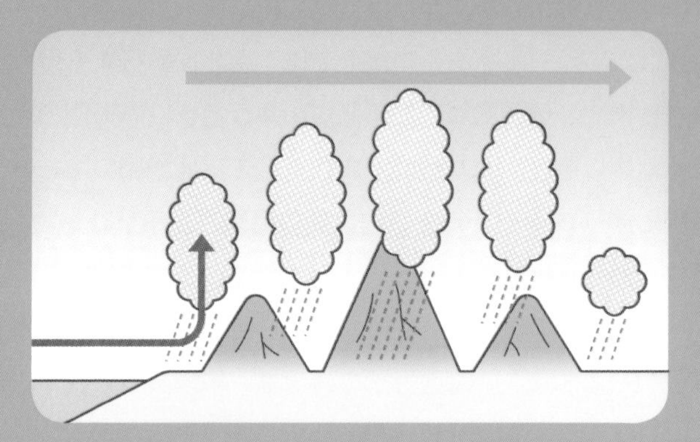

47 ［気候］ 赤道の熱が極地へ？「熱の輸送」のしくみ

「大気の大循環」などで北極・南極へ熱が運ばれ、**地球の温度差が広がらない**ようになっている！

地球は丸いため、北極・南極の極地よりも赤道の方が、太陽の光が強くあたり、暑いです。一年中そのような状態なのに、なぜ赤道と極地で温度差が広がっていかないのでしょうか？ それは、「大気や海水の大循環」「大気中の水蒸気」によって、**赤道から極地へ常に熱が運ばれているから**です〔図1〕。

まず、**「大気の大循環」**について。これは、**地球表面の風の循環によって、大気が熱を運ぶ現象**です〔➡P148図2〕。これにより、強い太陽の光で暖められた空気を極地側に運び、比較的冷たい空気を赤道側に運ぶのです。

北半球の場合、低緯度の熱はハドレー循環、高緯度の熱は極循環という大気の循環が、暖かい空気を極地側へ、冷たい空気を赤道側へ運びます。日本がある中緯度では、南北に蛇行する偏西風が熱を輸送します。偏西風が南から北に向かうときに赤道側の暖かい空気を極地側に運び、北から南に向かうときに極地側の冷たい空気を赤道側に運びます。この**３つの大気の循環によるリレーで、赤道から極地へ熱が運ばれる**のです。

次は**「海水の大循環」**について。これは、**海流が熱を運ぶ現象**です〔➡P148図3〕。海面近くの海流は、風によって生まれます。赤

赤道と極地の温度差はなぜ広がらない?〔図1〕

太陽の光を横から受ける地球は、赤道付近は垂直に当たって強くなるため暑く、極地に行くほど光はななめに当たって弱くなるため寒い。その温度差を埋めるため、大気や海、水蒸気の力で熱を移動させる。

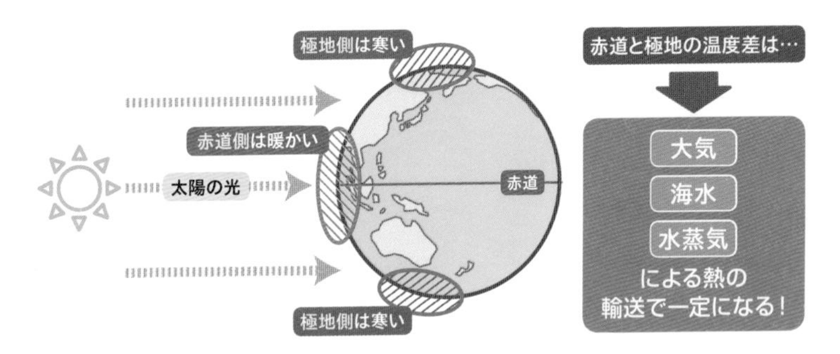

道付近で暖められた海水は、風によって暖流と呼ばれる海流となり極地へ向かい、それとともに熱が運ばれていきます。極地付近で冷たくなった海水は、赤道へ向かう寒流によって運ばれたり、深海へ沈み込んだりします。そして赤道付近へ運ばれて暖められると海面へ浮上し、また極地付近へと循環していくのです〔**熱塩循環**➡P149 図4〕。

最後は**「水蒸気による熱輸送」**。水は蒸発して水蒸気に変わるときに必要な熱をまわりから奪い、水蒸気が水になるときに熱を放出します。この性質により熱が輸送されます〔➡149 図5〕。

例えば、ハドレー循環が運ぶ熱によって海水が蒸発。水蒸気が熱をため込み、その水蒸気を含んだ空気が、風によって極地側に移動。移動先で雲となって熱を放出することで、熱が運ばれるのです。

地球上ではこのように熱が運ばれているため、赤道と極地の平均気温の差は常に40℃で、差がどんどん広がることがないのです。

熱のバトンリレーが起こっている

大気による熱の輸送〔図2〕

大気の循環により、熱は赤道側から極地側へと運ばれている。

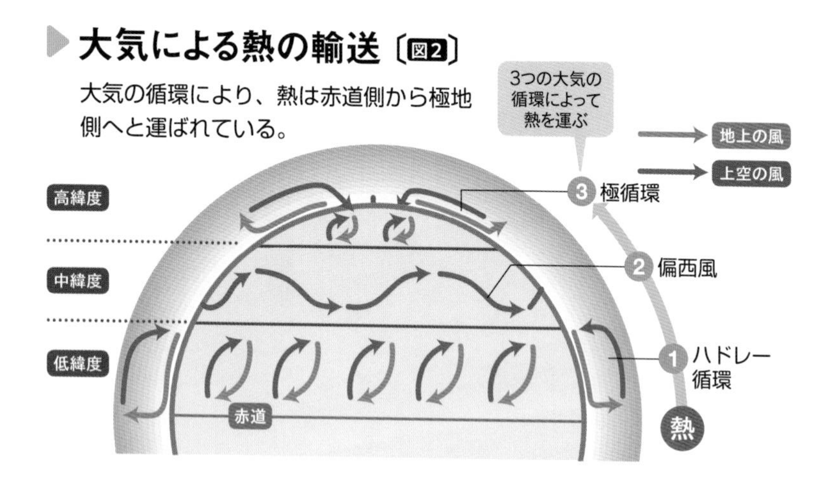

海流による熱の輸送〔図3〕

暖流・寒流は海洋上を吹く風の影響によって、北半球では時計回り、南半球では反時計回りに流れる。この海流が熱を極地に運ぶ。

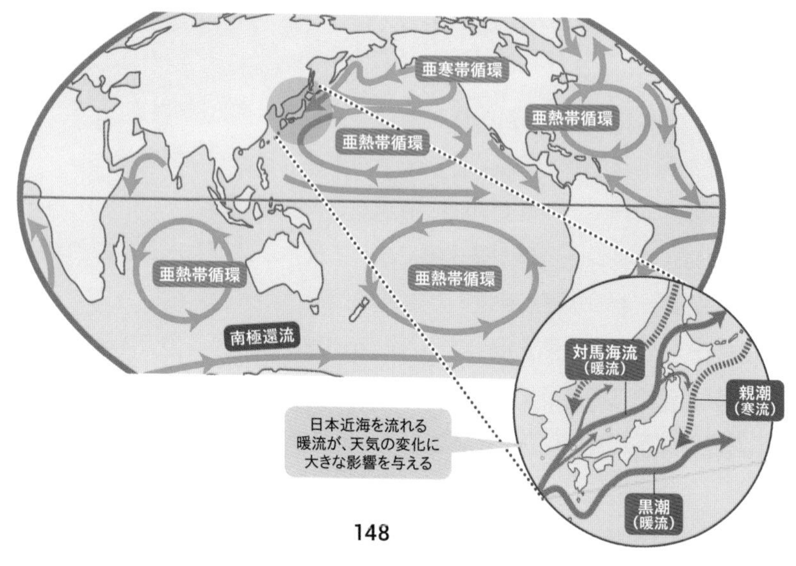

熱塩循環〔図4〕

低温の海水は塩分が濃くなって沈み込む。南極大陸付近で冷たい水は海底まで沈み込んで、その後、表層に戻ったり底に沈んだりをくり返し、約1000年のスケールで世界の海を一周する。

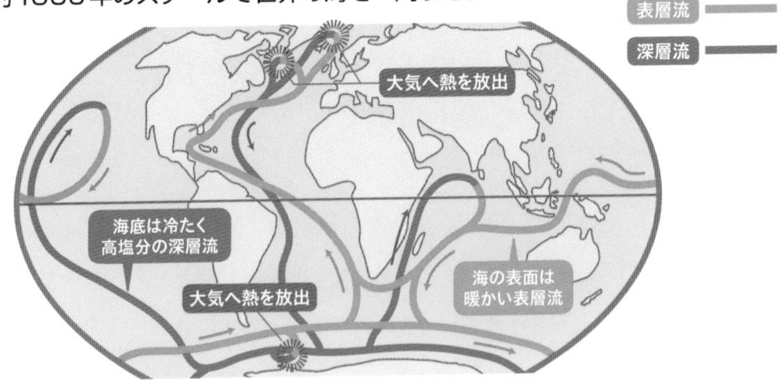

水蒸気による熱の輸送〔図5〕

水は水蒸気に変化するときに熱を吸収し、水蒸気から水に変化するときに熱を放出する。この性質により赤道付近から極地側へ、熱が運ばれる。

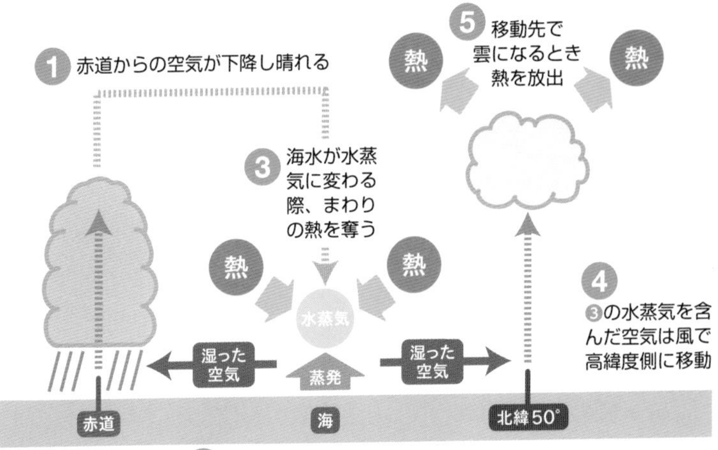

48 ［気候］「氷河時代」とは？どんな状態のこと？

なるほど！ 地球上に「氷床（ひょうしょう）」が存在する時代。実は、**今も氷河時代**！

「氷河」とは、降り積もった雪が氷のかたまりとなり、ゆっくり流れ動いているもの。そして**「氷河時代」**とは、地球上の大陸全体を広くおおう氷河や**「氷床」**がある時代のことです。

氷床は、今も南極大陸などにあります。約６億年前の氷河時代では、平均気温が－40～－50℃。氷が極地から赤道までをおおいました。また、約１万年前は、陸地の30％以上が氷でおおわれて海水面が下がりました〔図1〕。

氷河時代には寒冷な氷期（氷河期）と温暖な間氷期があり、氷床は氷期に発達して、間氷期には後退します〔図2〕。実は、今の地球は約260万年前から続く氷河時代の間氷期なのです。

地球にこのような気候変動が起こる原因は、おもに以下の５つ。

❶ **太陽の活動**（太陽が放射するエネルギーの変化）
❷ **火山の噴火**（噴火で出た微粒子が日光をさえぎる）
❸ **造山運動**（海と陸の分布や植物の分布が変わったことで、太陽のエネルギーの受け止め方が変化）
❹ **海洋の変化**（海水温や海流が変わったことで、大気の温度が変化）
❺ **人間の活動**（森林伐採や化石燃料の燃焼などによる大気の変化）

これらの要因で、地球の気候は大きな周期で変化しています。

寒冷期と温暖期がくり返されている

1万年前の地球〔図1〕

氷河が一番広がった約1万年前の最終氷期では、日本とアメリカは氷床でつながっていた。

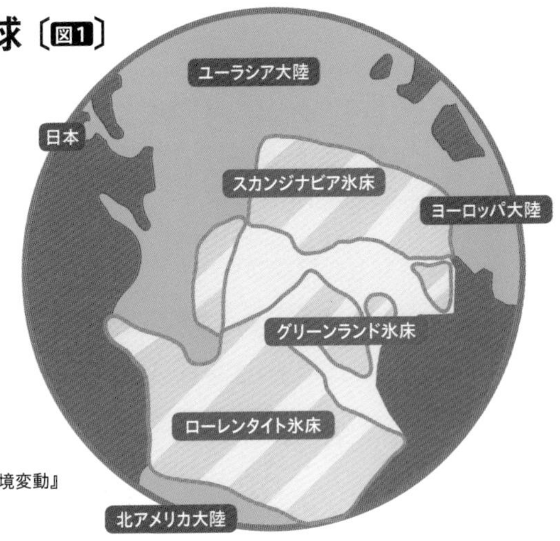

※兵庫県立人と自然の博物館『兵庫の海にさぐる氷河時代の環境変動』などをもとに図版を作成。

氷期と間氷期〔図2〕

氷河時代の中で氷期（氷河期）は約10万年ごとにくり返される。

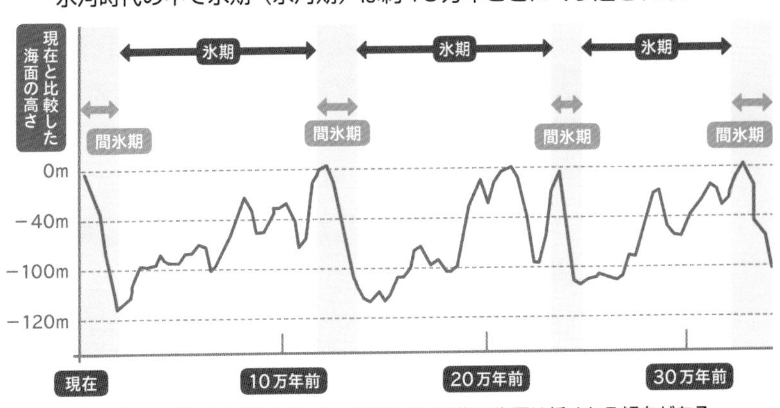

気温が高い間氷期に海面は高く、気温の低い氷期に海面は低くなる傾向がある。

※ JAMSTEC『10 万年でひと呼吸 地球の温暖化と寒冷化』より作成。

49 上空にいくほど寒くなる？

［大気］

なるほど！ 上空にいくほど**寒くなるわけではなく**、気温は**上がったり下がったり**している！

山登りなどの経験から、上空にいくほど寒くなっていく…と思っていませんか？　実は、大気の温度は、高度によって上がったり下がったりしています。**大気圏は、気温の変化が異なる４つの層があり**、下から順に対流圏・成層圏・中間圏・熱圏といいます〔右図〕。

対流圏は、私たちが生活している地表から高度約11kmまで。**高度が100m上がるごとに気温は約0.65℃下がり、上の成層圏との境目では－60℃近く**まで寒くなります。この層に雲が発生します。

成層圏は、高度約11～50kmのところ。**高度約20kmまで気温の大きな変化はありませんが、そこから高度が上がるにつれて気温は上がり、0℃近く**に戻ります。オゾンが太陽からの紫外線を吸収して熱を発生するためです。上昇気流や下降気流がおき、気温が変動することもあります。これらが地上の天気や天候に影響します。

中間圏は、高度約50～80km。**高度が上がるとともに、気温はぐんぐん下がります**。

熱圏は、高度約80～500km（大気の上限まで）。**急激に気温が上がっていき、約1,000℃に達します**。ここではオーロラが出現します。なお、100kmを超えると大気はほとんどありません。

大気圏は高度500kmまで広がっている

大気の構造

地球の大気圏は、気温の変化の違いから４層に分けられる。

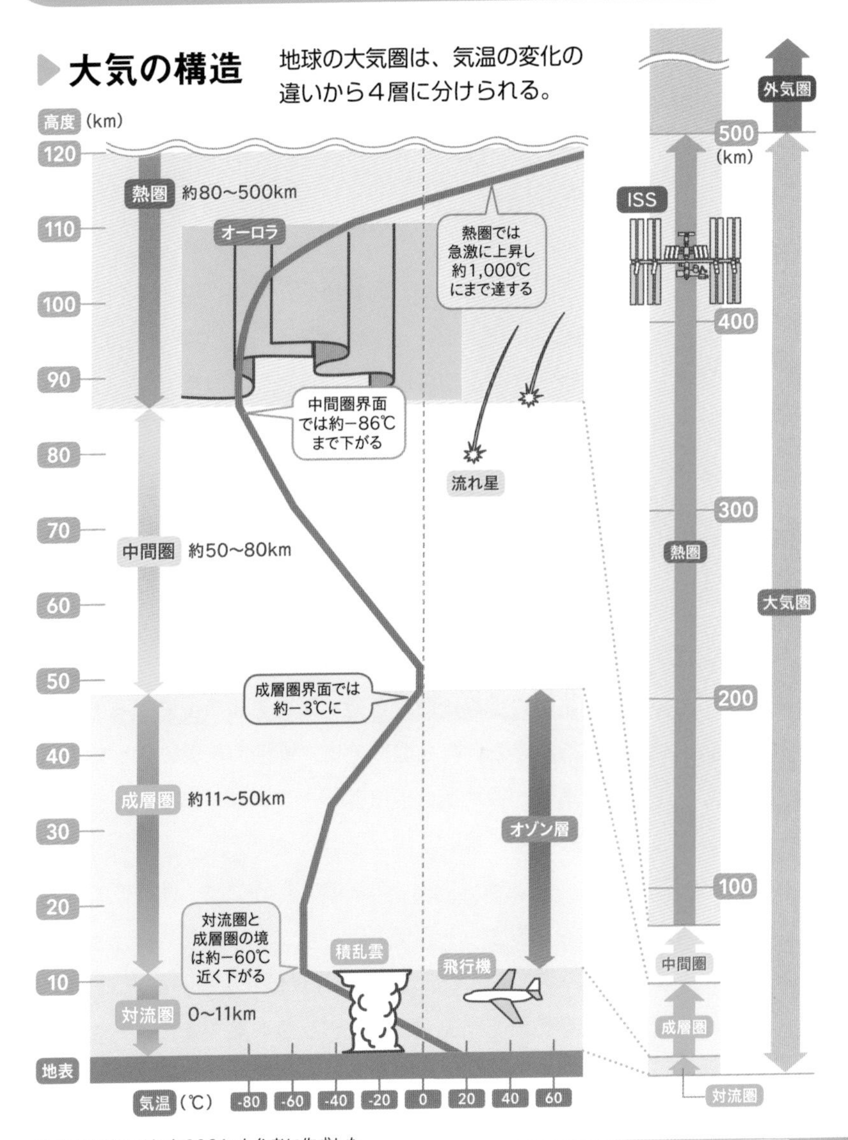

※グラフは「理科年表2021」を参考に作成した。

50

［風］

いろいろな種類がある？「偏西風」のしくみ

「偏西風」は蛇行しながら吹く西からの風。偏西風のうち、特に強い風が「ジェット気流」！

天気予報で「偏西風によって、雨雲が西から東へ動いていく」などと耳にしますよね。「偏西風」とは、どんな風なのでしょうか？

文字どおり**西から吹く上空の風**で、緯度30〜60度あたりの上空で吹いています。低気圧や高気圧は偏西風に乗って運ばれるため、**天気は、西から東へと変わっていく**のです。

なぜ偏西風が生じるのでしょうか。地球規模でみると赤道付近には暖かい空気、極地付近には冷たい空気があります。この温度差を小さくするため、赤道から極地に向かって風が吹きます。そこに、**北半球では地球の自転による右向きの力（コリオリの力**→P121**）がはたらくため、風の流れが西から東へ流れるように曲がる**のです〔図1〕。偏西風が地球の自転や温度分布、地形の影響によって蛇行することで、赤道側と極地側の温度差が小さくなります。蛇行が小さいときは、風が強く、温度差が大きい状態です。

偏西風のうち、対流圏界面付近（高度11kmあたり）を吹く、特に強い風の流れを**「ジェット気流」**といいます。亜熱帯ジェット気流（熱帯と温帯の間を流れる気流）と寒帯前線ジェット気流（温帯と寒帯の間を流れる気流）があり、特にジェット気流が流れる位置によって、日本の四季の天気に大きな影響を与えます〔図2〕。

天気は西から東へ移り変わる

偏西風のしくみ〔図1〕

赤道から極地に向かおうとする風に、右向きの力がはたらき、偏西風になる。

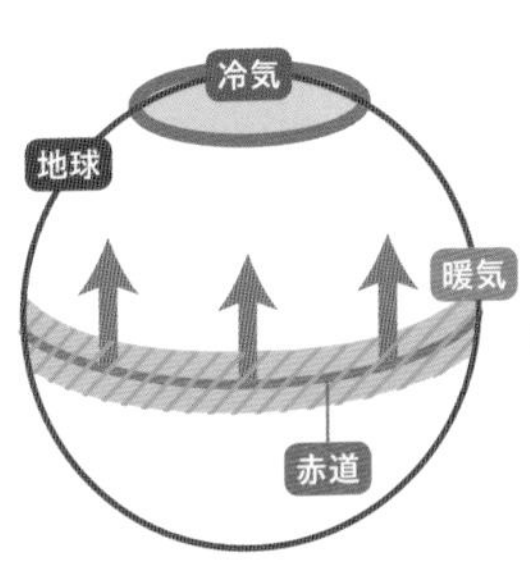

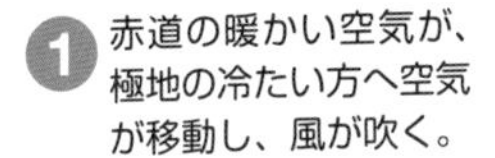

1 赤道の暖かい空気が、極地の冷たい方へ空気が移動し、風が吹く。

2 地球の自転によるコリオリの力により、風は東向きに曲がる。

3 西から東へと吹く偏西風は南北に波打つように蛇行して、熱を運ぶ。

ジェット気流とは？〔図2〕

対流圏界面付近の強い偏西風を、ジェット気流という。ジェット気流の流れ方によって、季節の天気が変化する。

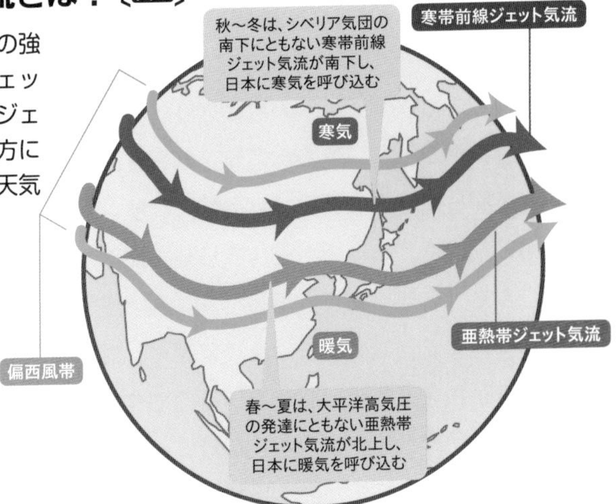

51

［雲］

なぜ大きな積乱雲の底と上部は平らになる？

底が平らなのは**雲ができ始める高さが同じ**ため。上部も**成層圏**があるから平らになる！

もくもくと広がる大きな積乱雲。よく見ると、底や上部は平らになっています。なぜでしょうか？

雲ができるのは、私たちが生活している**「対流圏」**の中です。対流圏では、空気が上下に移動する**「対流」**という現象が起きています。地上で暖められた空気は、水蒸気を含んで上昇気流となります。上空に行くと気圧が下がり、空気は膨張します。そのとき、空気は周りから熱をもらって膨らむわけではないので、この変化を断熱膨張といいます。そして、自身を暖める熱を失った空気は冷えます（断熱冷却）。冷たい空気が含むことのできる水蒸気の量は少ないので、含んでいた水蒸気が水の粒となり、雲が生まれます。

このとき、同じ量の水蒸気を含む空気のかたまりが上昇していくと、**同じ高さで水蒸気が水の粒になり、雲ができ始めます**。そのため、雲のできる場所＝底は同じ高さになり、平らに見えるのです。

また、雲が「**対流圏界面**（対流圏とその上の成層圏の間）」より上に行くことは、あまりありません。対流圏では、上空に行くほど空気が冷えるため、雲ができるのですが、成層圏では上に行くほど気温が上昇して、対流が起こりにくいからです。そのため、雲は対流圏界面で横に広がり、上部が平らになるのです〔右図〕。

雲は凝結高度と対流圏界面の間にできる

雲の上下が平らに見えるしくみ

積乱雲は、同じ高度（凝結高度）で水蒸気が雲粒になるため、雲の底が平らに見える。対流圏界面を超えることはないため、上部も平らに見える。

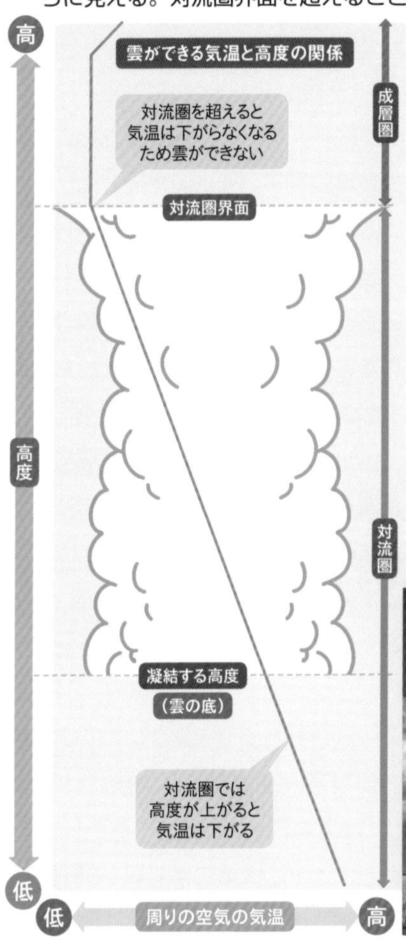

成層圏でも雲ができる?

極近くでは成層圏の高度20〜30km付近に極域成層圏雲という特殊な雲ができることがあります。気温が－80℃程度と極端に低くなるとでき、「真珠雲」とも呼ばれます。

底と上部が平らな積乱雲。

52 ［雨］ なぜ何時間も同じ場所で集中豪雨が起こるの?

なるほど!

次々と**積乱雲が発生して線状に連なる**、「**線状降水帯**（せんじょうこうすいたい）」ができるから!

何時間も同じ場所で激しい雨が続き、ときに災害を引き起こす集中豪雨。これは**「線状降水帯」**が原因です。線状降水帯とは、**たくさんの積乱雲の集合体**です。いくつかの発生パターンがありますが、ここでは「バックビルディング型」を紹介します。

まず、海上から暖かく湿った空気がどんどん流入し、前線や地形の影響で積乱雲が次々と生まれます。そして、続々と生まれた積乱雲は上空の風によって線状に並び、長さ50〜300km、幅20〜50kmにまとまって通過または停滞します〔図1〕。**線状降水帯が発生すると、積乱雲の集合体が次々と通過したりほぼ同じ場所にとどまり、数時間にわたり強く雨を降らせます**。

線状降水帯は、九州など西日本方面ほど多く発生する傾向にあります。2020年7月、熊本県で1時間に120mm以上という記録的な集中豪雨がありました。このときは、冷たい黄海高気圧と、暖かく湿った太平洋高気圧によって固定された梅雨前線上の、小さな低気圧に向けて、南からの風が大量の水蒸気を運びこみ、積乱雲が次々と生まれたのです〔図2〕。線状降水帯は東北や関東でも発生します。**台風から変化した温帯低気圧などにより、大量の水蒸気が流れ込めば、全国どこにでも発生するのです**。

線状降水帯は全国で発生する

線状降水帯のしくみ〔図1〕

積乱雲が線状に連なり、同じ場所に集中的に雨を降らせる。

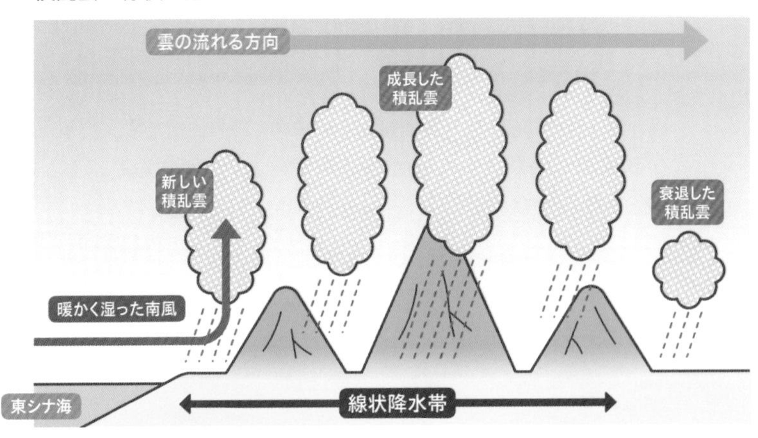

2020年7月の熊本豪雨〔図2〕

梅雨前線に暖かく湿った空気が継続的に流れ込み、2020年7月4～7日にかけて九州に記録的な大雨が降った。

1. 南北の高気圧により梅雨前線が固定
2. 前線上の小さな低気圧（メソ低気圧）の西側で風が加速
3. 太平洋高気圧のふちに沿って、南側から水蒸気が大量に流れ込む
4. 線状降水帯が同じ場所にとどまり、豪雨が続く原因に

もっと知りたい！
選んで天気
⑥

Q 世界で雨が降り続いたら陸地は完全に水没する？

する or しない

雨が24時間365日、年中無休で世界中に降り続いたら、どうなるのでしょうか？　いつか世界中の陸地は、完全に水没してしまうのでしょうか？

雨は、太陽からの熱で海や陸地の水が蒸発し、その水蒸気でできる雲から降ってくるものです。大気中に含まれる水蒸気は約1万3,000km^3。地球に存在する水の総量の0.001％にあたります。この水蒸気が一度に雨となって降ったら、陸地はどうなるでしょうか？　このとき、地球全体を平均すると約2.5cmの水でおおわれ

る計算になります。これでは陸地は水没しませんね。ほかに、世界中で雨が降り続く原因になりそうなことを考えてみましょう。

地球の気温が上がったとするとどうでしょうか？　海水温が上がり、蒸発する水蒸気の量が増えて、世界的に降水量は増えそうです。しかし、実際は複雑な気候システムによって、**世界中で降水量が増えるわけではなく、雨が多くなる地域と干ばつがひどくなる地域に分かれるようです**。

では、世界中で雨が降り続くという現象はありえないのでしょうか？　実は、大昔にそれに近い出来事があったようです。とてつもなく長い期間、**降雨量が劇的に増加した「カーニアン多雨事象」**という出来事です。

かつて、大陸がひとつだった2億3400万～2億3200万年前、**大陸全土で200万年もの間、降雨量が劇的に増加しました**。このときの年間の降水量は推定で約1,400mmとのこと。日本の年間の平均降水量が約1,700mmなので、大陸が水没するほどの雨ではなかったようです。なので答えは「世界中の陸地は水没しない」といっていいでしょう。「カーニアン多雨事象」で陸地が水没することはありませんでしたが、気候と環境は激変し、生物などの大量絶滅が起きたといわれています。

カーニアン多雨事象のしくみ

1. 大陸の内陸部は乾燥し、砂漠も多かった。
2. 火山の噴火で二酸化炭素量が増えて温暖化し、降雨量が増加。
3. 多雨により、乾燥した気候が湿潤の気候に変化。
4. 乾燥に適応した生物が絶滅し、湿潤に適応した生物が出現。
5. 噴火が終わって二酸化炭素濃度が低下、多雨が収まる。

冷え込みの原因？「放射冷却」のしくみ

日中に暖まった熱が**地球から出ていく**ことで、**気温が下がる**しくみ！

朝晩の冷え込みの原因、「放射冷却」。どんなしくみでしょうか？

地球は、日差しによって常に太陽から熱を受けていますが、気温は上がりっぱなしになりません。これは、地球からも熱を放出しているためです。このように、**地球の大気や地面から宇宙へ熱が出ていくことで気温が下がることを「放射冷却」といいます**〔図1〕。

放射冷却は常に起きていますが、大気に水蒸気の多い夏は起こりにくく、**大気が乾燥する冬には一段と顕著になります**。また、高気圧におおわれ、よく晴れて雲がなく風が弱い日により強くなり、夜間や早朝の冷え込みが厳しくなります。

ふつう、対流圏内では上空に行けば行くほど気温が下がりますが、放射冷却によって、地表より上空の方が気温が高くなることがあります。これを**「接地逆転層」**と呼びます。このとき、下の冷たい空気は上の暖かい空気より上へのぼれなくなります〔図2〕。**たいていは太陽の日差しで逆転層は消えますが、昼まで逆転層が残ることで、朝の冷え込みが続くことがある**のです。

山あいの盆地では、雨上がりなど湿度の高い晴れた夜に、放射冷却によって霧が発生することがあります。この霧は逆転層より上へのぼれないため地表にとどまり、**雲海**となります。

放射冷却で山あいに雲海ができる

放射冷却が強いときと弱いとき〔図1〕

放射冷却は、地球の地面や大気から、熱が宇宙へ出ていくことで、気温が下がること。よく晴れた、雲がなく、風の弱い日に放射冷却は強くなる。

日中、太陽の日差しを受けて大気と地面が暖まる。

夜間、よく晴れて雲がないと、熱は宇宙空間に放出されて、よく冷える。

夜間にくもっていると、熱は雲に閉じ込められて、冷え込みは弱くなる。

接地逆転層とは?〔図2〕

放射冷却により、地表より上空の方が気温が高くなる状態。冷え込みが続いたり、雲海の原因となる。

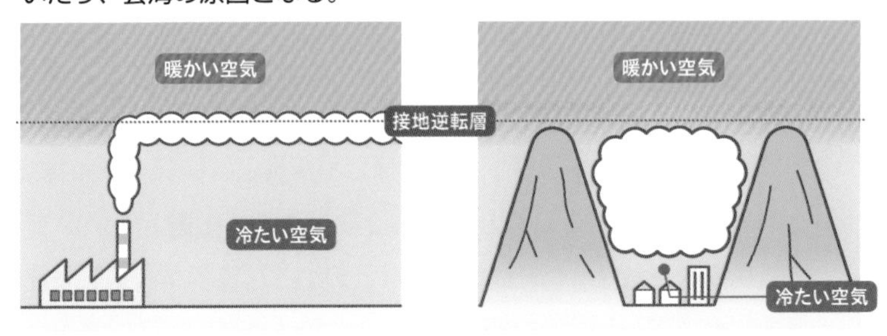

接地逆転層より上に煙は上昇できない。逆転層が残ると冷え込みは続く。

雨上がりなど、湿度の高い晴れた夜に放射冷却が起きると、雲海が生じる。

54 ［気象現象］ 「黄砂（こうさ）」って何？ どんな影響があるもの？

「黄砂」は、**大陸の砂が風で飛んでくる**現象。
ほかにも「**煙霧（えんむ）**」という似た現象もある！

大陸から飛んでくる「黄砂」。どんなしくみの現象で、日本の気象にどんな影響があるものなのでしょうか？

黄砂は、大陸からたくさんの砂やちりが風で運ばれて、日本の空をおおい、降りてくる現象〔図1〕。晴れていても空が黄色くかすんだり、雨や雪に混じった黄砂が窓を汚したりします。黄砂は1年の中で**2～5月に多く、特に4月がピーク**です。

黄砂が飛んでくるのは、大陸の砂漠（ゴビ砂漠・タクラマカン砂漠）と黄土高原で、**強風によってたくさんの砂が吹き上げられるのが原因**です。春に発生しやすいのは、風が強く、地面が乾燥し、植物が育ち切っていないことで砂が舞いやすいからだと考えられています。気象庁では、目視で黄砂を観測するほか、気象衛星などを活用して黄砂の予測も行っています。

ちなみに、**黄砂以外が原因で、大気がかすむこともあります**。例えば、畑や学校のグラウンドで砂ぼこりが舞い、視界が悪くなることがありますよね。これと似たような現象を**「煙霧」**といいます。地面から吹き上げられた砂ぼこりなどの小さな粒子が大気に浮遊し、見通しが10km未満になる状態をあらわします〔図2〕。黄砂と同じく、煙霧でも大気が黄色くかすんで見えることがあります。

砂ぼこりで視界が悪い状態が「煙霧」

黄砂のしくみ〔図1〕

大陸の砂漠から黄砂が飛来し、日本の空が黄色にかすむ。

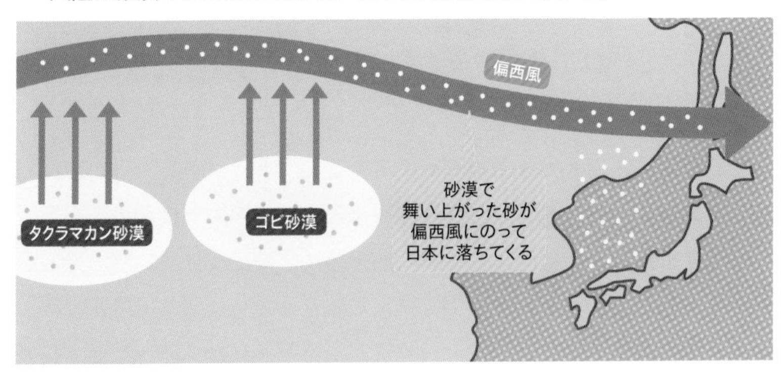

煙霧とは?〔図2〕

砂ぼこりなどの微粒子が大気に浮遊し、見通しが10km未満になること。

2013年3月10日の煙霧

1. 関東地方を寒冷前線が通過、北西からの強風が吹く。
2. 通過時に発生した強い上昇気流によって、内陸部の畑などで砂ぼこりが巻き上げられる。
3. 巻きあがった砂ぼこりが強風により関東南部に到達し煙霧に。

55 ［異常気象］「エルニーニョ現象」って何？

なるほど！ ペルー沖の海面が暖かくなり、日本に冷夏と暖冬をもたらす異常気象！

たまに耳にする「エルニーニョ現象」。どんな現象でしょうか？

エルニーニョ現象は、太平洋東部のペルー沖の海面がふだんより暖かくなり、１年間ほどその状態が続く現象です。日本に冷夏・暖冬をもたらすなど、世界中に異常気象をもたらします〔右図〕。

太平洋の赤道付近には、貿易風という風が東から西へ吹いています。そのため、日差しで暖められた海水が熱帯太平洋西部（インドネシア近海）に流れていき、熱帯太平洋東部（ペルー沖）では海底から冷たい海水がわき上がるため、西部の海面は暖かく、東部の海面は冷たくなります。

貿易風がいつもより弱くなると、暖かい海水の移動が弱まります。熱帯太平洋東部の海面がふだんより暖かくなり、エルニーニョ現象を起こすのです。エルニーニョ現象が発生すると、熱帯太平洋西部の海面水温がふだんより低下し、積乱雲の活動も弱まります。すると、日本では、**夏に太平洋高気圧の張り出しが弱くなって「冷夏」**となり、**冬はシベリア気団の寒気が流れ込みにくく「暖冬」**となります。エルニーニョ現象とは反対に、ペルー沖の海面水温がふだんより低くなると、**日本に「猛暑」や「厳冬」をもたらす「ラニーニャ現象」**が起こります。

エルニーニョ現象は異常気象である

エルニーニョ現象とは? ペルー沖で海面水温が上がる現象。

ふだん

貿易風（東風）により、太平洋西部の海面は暖かく、東部の海面は冷たい。

エルニーニョ現象

貿易風が弱く、太平洋の中部〜東部の海面水温が平年より高くなる。

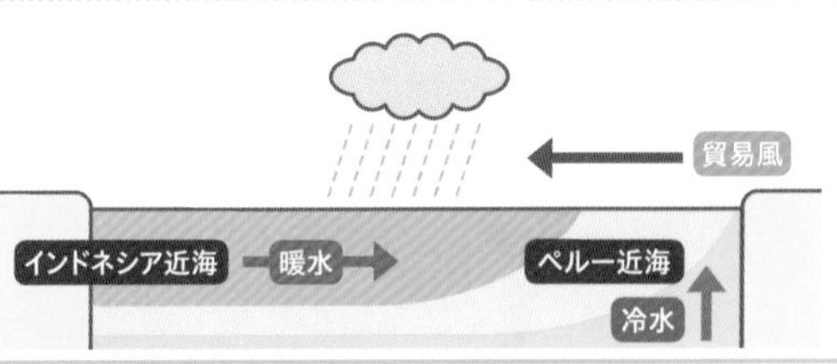

夏のエルニーニョ現象

エルニーニョ現象が発生すると、太平洋西部の海面水温が低下し、太平洋高気圧の張り出しを弱め、日本は冷夏となる。

1. ペルー沖の海面水温が上昇
2. 太平洋西部の海面水温が低下
3. 太平洋高気圧の張り出しが弱まる
4. 偏西風が平年より南下
5. 日本が冷夏に

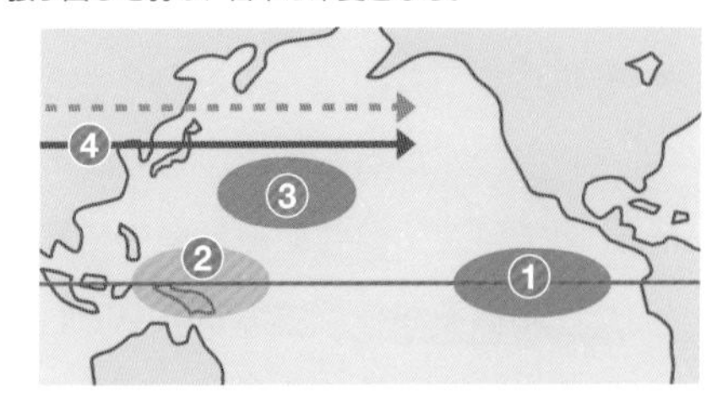

冬のエルニーニョ現象

太平洋西部の海面水温が低下し、偏西風が日本付近で北へ蛇行し寒気が南下しにくくなる。すると、西高東低が弱まり暖冬となる。

1. ペルー沖の海面水温が上昇
2. 太平洋西部の海面水温が低下
3. 偏西風が蛇行し日本の北を通る
4. シベリア気団からの寒気が入りにくくなる
5. 日本が暖冬に

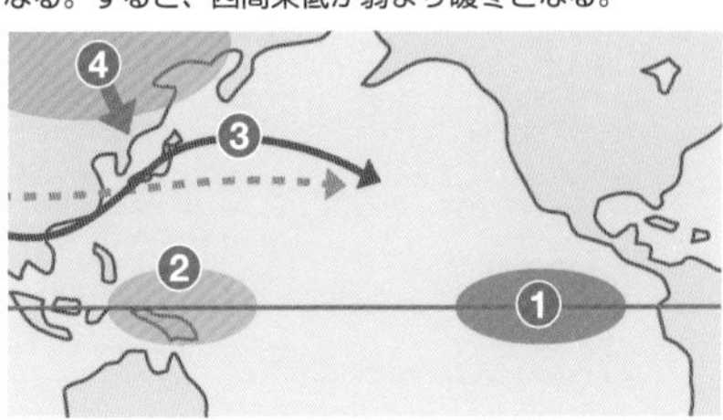

56 都会はどうして暑くなる?

[異常気象]

**太陽の熱や生活の中で出た熱を
ビルが閉じ込め、都会の気温を上昇させる!**

灼熱地獄のような真夏の都会…。これは、都市部が周辺部より気温が高くなる**「ヒートアイランド現象」**のせいです。この現象は、夏よりも冬、日中の最高気温より夜間の最低気温にはっきりあらわれます。その原因は、おもに3つあります〔図1〕。

1つ目は、**たくさんあるビルや道路のコンクリートなどが、太陽の熱をためて放出したり、反射したりするから**。暑い日は、プールサイドのコンクリートが、はだしで歩けないほど熱くなりますね。それは、コンクリートが熱をためているからです。土の地面では、土の中の水が熱を吸収して蒸発するので、それほど熱くなりません。

2つ目は、**都会に自動車や冷房の室外機など、熱を出すものがたくさんあるから**。生活する中でも、多くの熱が生み出されています。

3つ目は、**それらの熱が密集するビルなどに閉じ込められて逃げていかないから**。東京は過去100年で気温が約3℃も上がりました。

現在、さまざまな対策が考え出されています〔図2〕。保水性のある塗装で雨水を吸収して蒸発させる、壁面や屋上に植物を植えて水分を蒸散させるようにする、冷房を使わなくても過ごしやすい建物を開発する…。これらの対策は、地球温暖化の原因であるCO_2(二酸化炭素)の排出を減らすことにも役立っています。

都市部はどんどん暑くなっている

ヒートアイランド現象の原因〔図1〕

都会には熱を出したりためこんだりするものがたくさんあり、それによって気温が高くなる現象。

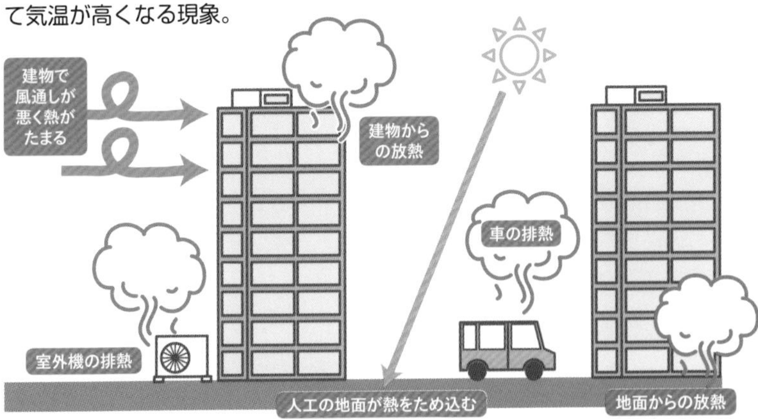

ヒートアイランド現象へのさまざまな対策〔図2〕

地表面の高温化を防ぐため、さまざまな対策が考えられている。

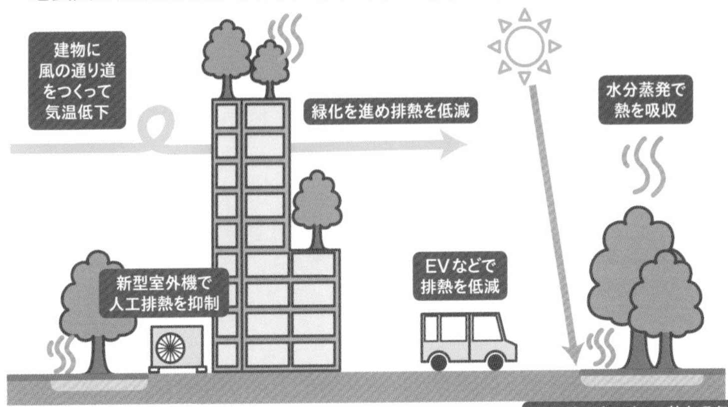

Q となりの惑星、火星と金星。どっちが住みやすい天気?

火星 or 金星

私たちは、太陽系の惑星、地球で生活しています。もしかしたら近い未来、別の惑星に住んでいるかもしれません。はたして、地球のおとなりの惑星、火星と金星はどんな天気をしていて、どっちの惑星の方が住みやすいのでしょうか。

私たちは太陽系の惑星、地球で生活していますが、火星と金星にはヒトに似た生命体はいなさそうです。これはなぜでしょうか。

ヒトが生きるためには、液体の水が不可欠で、液体の水が惑星上に安定して存在できる場所を「ハビタブルゾーン」と呼びます。

地球は、太陽からの距離がちょうどよく、液体の水が存在します。

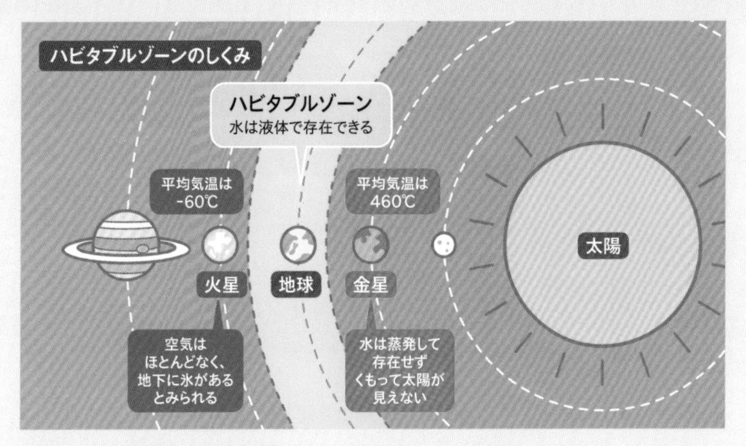

地球より太陽に近い金星では、水はすべて蒸発してしまっており、地球より太陽から離れている火星は、水がすべて凍結しているため、現状どちらの惑星でも液体の水が得られず、ヒトに似た生命体は生きられないのです。

それでもなんとか、火星と金星に住めないでしょうか？　現地の天気を見てみましょう〔上図〕。

火星は、寒く乾燥した惑星です。ほとんどの地域の気温は0℃以下で、夏の赤道付近でようやく20℃に。大気中の水蒸気はわずかですが、たまに雲が観測されます。砂嵐は頻繁で、局地的には年100回、さらに惑星をおおうほどの大砂嵐が起きることもあります。

金星は、暑すぎる惑星です。地上の気温は460℃。厚い硫酸の雲におおわれているため、ずっとくもっています。硫酸の雨も降りますが、地上に届く前に蒸発します。空気の密度が高いため、地面近くは風がほとんど吹きませんが、大気の上層では、金星の自転速度を上回る風速100m／秒の強風が吹いています。

最近の調査の結果、**火星に氷が存在することは間違いないようです**。水がある分、「火星」の方が住める可能性がありそうです。

57 ［温暖化］ 温暖化と天気って関係しているの？

このまま**温暖化**が進むと**気候変動**による問題が増える！

最近、集中豪雨などの異常気象が増えています。それは地球の「温暖化」が原因といわれています。どんなしくみなのでしょうか？

大気の水蒸気や二酸化炭素は、**地表からの熱を吸収し、大気を暖かくするはたらき**があります。そのため、地球の平均気温は15℃に保たれています。このようなはたらきをもつ気体を「**温室効果ガス**」といいます〔図1〕。

しかし近年、ガソリンなどの化石燃料を燃やしたときに出る二酸化炭素や水蒸気のほか、生ゴミや水田から出るメタン、古いエアコンなどから出されるフロンなど、さまざまな温室効果ガスが大量に排出されています。二酸化炭素の排出量と世界の平均気温の上昇は比例しているとされ、このままでは、**2100年には2000年頃に比べて気温が4.8℃も上がると予測**されています〔図2〕。海水の膨張、氷河や南極大陸の氷床がとけるなどして、この100年で海面が約17cmも上昇しました。水没した地域もあります。

このように地球規模で気温や海水温が上昇する現象を**「地球温暖化」**といい、天気の傾向が大きく変わる**「気候変動」**が進んでいます。日本では猛暑日や熱帯夜の日、短時間強雨の日が増え、逆に降雪量が減り、渇水問題も生じると予測されています。

温室効果ガスが増えすぎると問題に

地球を暖かく保つ温室効果ガス〔図1〕

水蒸気や二酸化炭素といった「温室効果ガス」によって世界の平均気温は15℃に保たれているが、これがないと平均－18℃になってしまう。

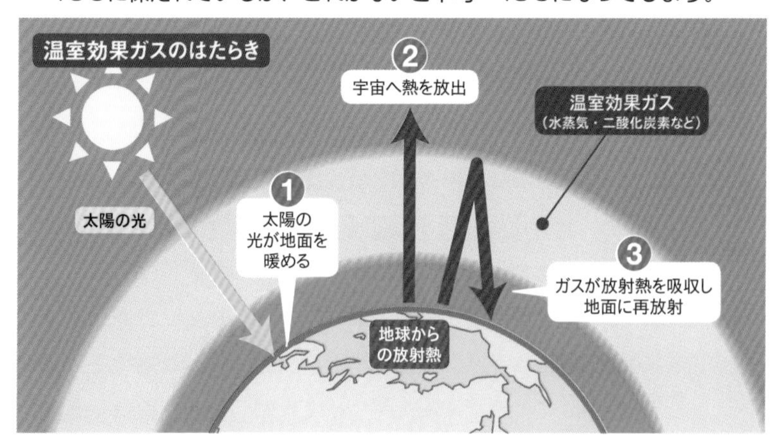

世界の平均気温の変化〔図2〕

世界の平均気温は、数十年間で二酸化炭素などの排出が減少しない限り、21世紀中に1.5～2℃以上高くなるとみられる。

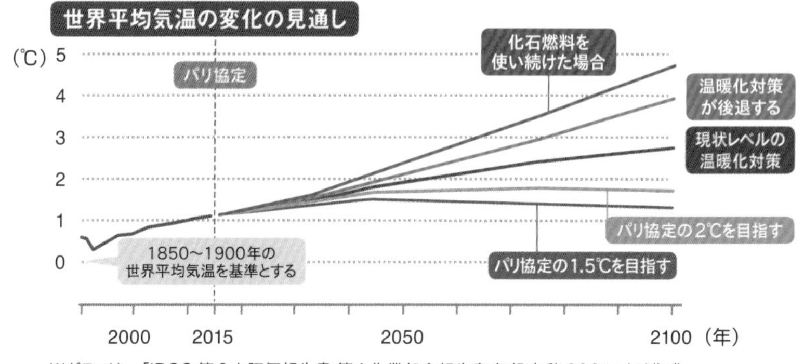

※グラフは、「IPCC 第6次評価報告書 第1作業部会報告書 気候変動 2021」より作成。

58 [温暖化] ノーベル物理学賞受賞! 真鍋淑郎(まなべしゅくろう)氏の研究とは?

地球の気候をコンピューターで再現。
地球の温暖化を予測した!

2021年、真鍋淑郎氏がノーベル物理学賞を受賞し、話題となりました。受賞したのはどのような研究だったのでしょうか？

真鍋氏は、**「地球温暖化を予測する地球気候モデルの開発」**でドイツの気象学者ハッセルマン氏、イタリアの物理学者パリージ氏らとともにノーベル物理学賞を受賞しました。1958年にアメリカ国立気象局の研究員として渡米した真鍋氏は、当時使われ始めたコンピューターを用いて、**物理法則に基づいて地球の気候を再現するシミュレーションモデルを開発**します。

1964年には、大気の高度ごとに気温の変化を予測する「1次元大気モデル」を開発しました。1967年にこのモデルを応用して、二酸化炭素の濃度が2倍になると気温が2.36℃上昇すると予測し、**大気中の二酸化炭素の増加が地球温暖化に影響を与えることを明らかにしました**〔図1〕。

さらに世界に先駆けて、地表からの赤外線の放射と大気の動きを解明〔図2〕するなど、**現在の気候モデルの基礎を築きました**。

真鍋氏の研究は、地球温暖化により地球の気候がどのように変わっていくのか、現在の気候研究に欠かせないものとして、世界で評価されているのです。

50年以上前に地球の温暖化を予測

二酸化炭素と気温の関係〔図1〕

1964年に、コンピューターを用いて、大気の状態を再現し、二酸化炭素が温暖化に影響があることをつきとめた。

赤外線の放射と大気の動き〔図2〕

真鍋氏は、コンピューター上で地表からの赤外線の放射と大気の動きが互いにどう影響し合うか、気候モデルを組み立て、気候の変動を予測した。

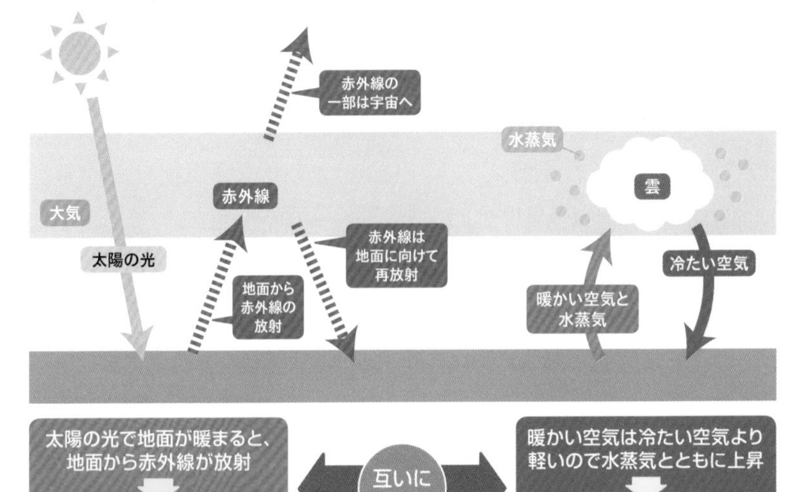

太陽の光で地面が暖まると、地面から赤外線が放射 ⇩ 赤外線は大気を暖め、地面に向けて再放射される	⇔ 互いに影響 ⇔	暖かい空気は冷たい空気より軽いので水蒸気とともに上昇 ⇩ 上空で冷えると、水蒸気が熱を放出し雲になる

※図版はノーベル財団の資料をもとに作成。

59 「オゾンホール」ってどんなもの？

［異常気象］

フロンガスがオゾン層を壊してあけた穴。
有害な紫外線が増える原因になっている！

「オゾン」という物質が多い上空の層を**「オゾン層」**といいます。南極上空では、オゾンの量が少なくなり、**オゾン層が薄くなって穴があいたように見える**場所があります〔図1〕。これを**「オゾンホール」**といいます。南半球の冬から春にあたる8～9月ごろから穴があき、11～12月ごろには元に戻ります。1982年に、日本の観測隊が南極で初めてオゾンホールを発見しました。

オゾンは、オゾン層で生成と分解をくり返していますが、近年、オゾンの量が急激に減って、オゾンホールが大きくなりました。オゾンの量が減るおもな原因は、スプレー缶や冷蔵庫などに使われる**フロンガス**です〔図2〕。空気中に逃げ出したフロンガスが、上昇して成層圏のオゾン層にたどりつき、太陽の紫外線によって分解されると塩素が出てきます。春頃から南極に日が当たりはじめると、この塩素がオゾンを分解するのです。

オゾン層は、太陽からの有害な紫外線を吸収して私たち生き物を守っています。フロンガスは一度放出してしまうと、大気に数十年から数百年は蓄積されます。オゾン層を守るため、フロンガスの使用や生産を止める国際的な規則の取り決めがあり、徐々に大気中のフロンガスは減り始めているようです。

オゾンホールは北米大陸より大きくなる

オゾンホールの大きさ〔図1〕

2021年のオゾンホールの大きさは、10月7日に年最大面積2,480万km²、南極大陸の約1.8倍になった。年によって面積は変化する。

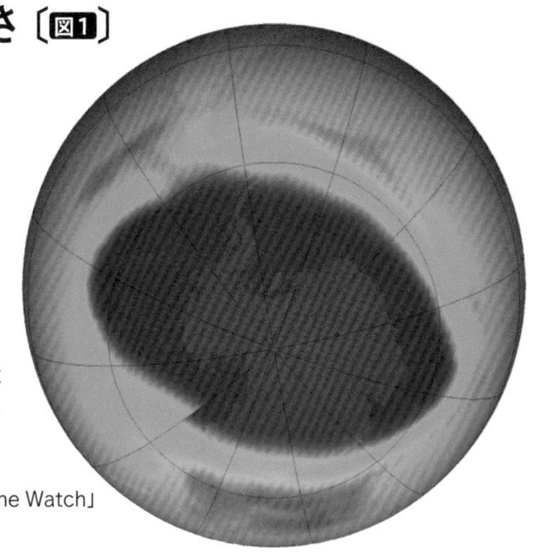

2021年10月7日の南極から見た地球。青いところはオゾンが少なく、オゾンホールと呼ばれるところ。

写真：NASA「NASA Ozone Watch」

オゾンホールができるまで〔図2〕

オゾン層がフロンガスなどで破壊されると、有害な紫外線がたくさん降り注ぐことになる。

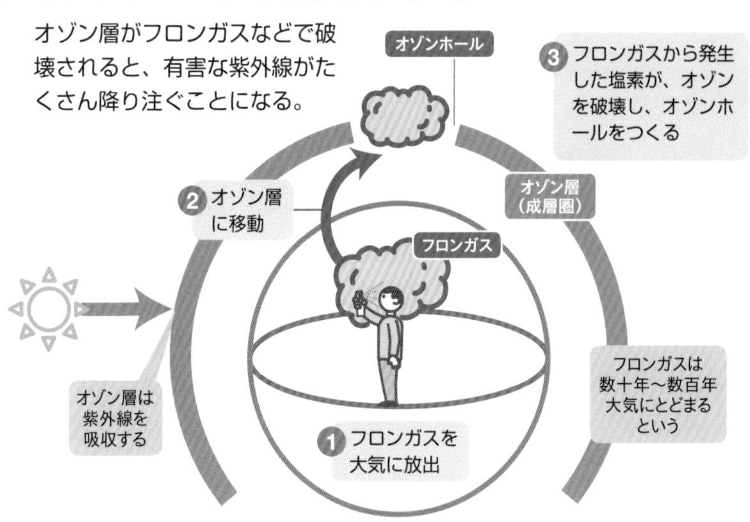

60 「寒冷低気圧」とは？ やって来るとどうなる？

［気圧］

寒気を運ぶ低気圧のこと。長くとどまり、積乱雲が発達。**大荒れ**の天気に！

低気圧にもいろいろな種類があります。中でも、冬の天気予報などで聞く「寒冷低気圧」とは、どんな低気圧なのでしょうか？

上空に寒気を運ぶ低気圧を「寒冷低気圧」「寒冷渦」と呼びます。上空を吹く偏西風が南北に激しく蛇行したとき、南側に張り出した部分が切り離されることがあります。この部分には高緯度から来た冷たい空気が閉じ込められており、まわりよりも冷たい低気圧の渦となります。

寒冷低気圧は対流圏の上空にできるため、上空の様子をあらわす高層天気図に、強い低気圧として描かれます〔図1〕。この低気圧の南東側の下層では暖かく湿った空気が流れ込みやすいので、**大気が不安定になって積乱雲が発達**しやすくなります。さらに寒冷低気圧の動きは遅いため、**悪天候が数日続くことも特徴**です。

寒冷低気圧は、**春や夏に落雷や突風、竜巻、ひょうなどをもたらしたり、冬に日本海側で豪雪を降らせるきっかけとなったりします**〔図2〕。特に、夏は**「雷三日（かみなりみっか）」**という言葉の原因となります。雷三日とは、夏に雷雲が発生すると、３日ほど雷雲が発生しやすい状態が続くこと。寒冷低気圧は３日ほどで日本上空から移動する場合が多いので、そう呼ばれるようになりました。

寒冷低気圧は高層天気図でよくわかる

寒冷低気圧とは?〔図1〕

上空に寒気をともなう低気圧。地上天気図より高層天気図のほうが、寒冷低気圧があらわれやすい。

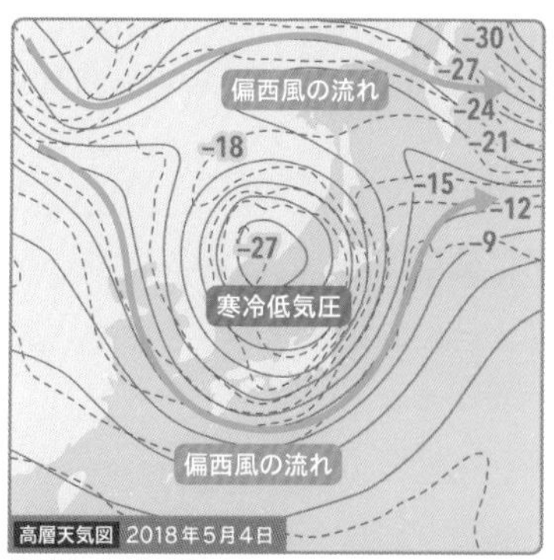

500hPa（上空約5,500m）

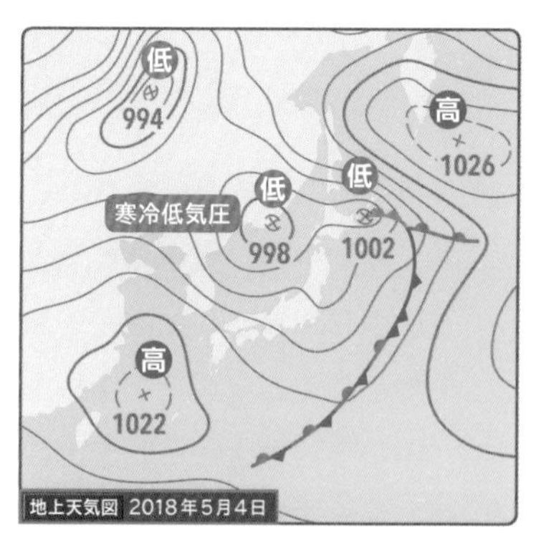

高層天気図の寒冷低気圧

赤い点線は温度をあらわす。低気圧内に、－27℃の寒気があることがわかる。この寒気によって、山陰と関東北部の一部に雷雨が発生した。

地上天気図の寒冷低気圧

日本海にある前線をともなわない低気圧が「寒冷低気圧」。地上天気図でははっきりしないことが多いが、このときは上空の寒気が強く、地上天気図にもあらわれた。

寒冷低気圧がくると…〔図2〕

日本上空に寒冷低気圧がとどまると、春は春雷、夏は雷三日など、大荒れの天気が続く。

春雷

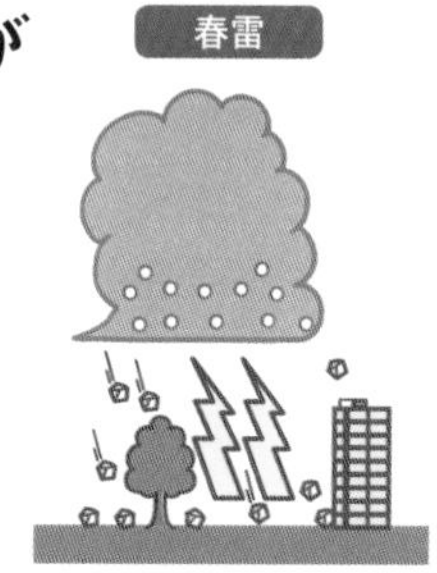

春の雷はひょうなどをともなう。

雷三日

夏に雷が発生すると三日ほど続くという。

61 ［最新科学］ 人工的に雨を降らせることはできる？

ヨウ化銀やドライアイスを使うことで、
人工的に雨を降らせることは**可能**！

科学の力で雨を降らせることはできるのでしょうか？　**実は、アメリカや中国、日本などで人工降雨に成功**しました。雲のないところに雨を降らすことはできませんが、自然の雲にはたらきかけ、雨を降らせることができました。その方法を見ていきましょう。

ふつう、地上から吹き上げられた砂や塩、火山灰などの微粒子が核となって**雲粒**ができ、その雲粒が凍って氷晶となります。それらが雨雲の中で大きく成長して重くなり、雨粒となって雨が降ります。つまり、**人工的に雲の中に氷晶を作って大きく成長させれば、雨を降らせることができる**のです。

人工的に雨を降らせるときは、微粒子の代わりに**ヨウ化銀**という物質を核として使います〔図1〕。ヨウ化銀は結晶の形と性質が氷に似ているため、核となって雨粒に成長します。

また、雲の中に**細かく砕いたドライアイス**をまいて温度を下げ、雲粒を氷晶にする方法もあります〔図2〕。これらの物質を、飛行機やロケット弾で雲の中にまいたり、煙状にして雲に送り込んだりすると、人工的に雨を降らせることができるのです。

水不足や干ばつへの対策、豪雨の軽減のために、日本を含む多くの国で人工的に雨を降らせる研究が行われています。

雨のもととなる氷晶の核を雲の中にまく

ヨウ化銀で人工雨〔図1〕

ロケット弾や煙などで、雲の中にヨウ化銀をまき、雲の中で氷晶をつくり、雨を降らせる。

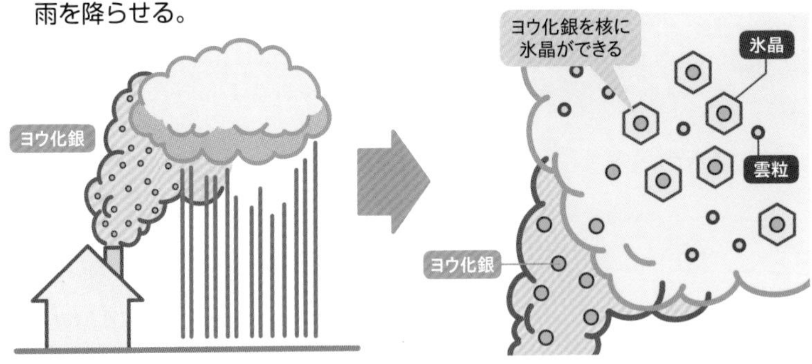

1 ヨウ化銀を燃やすなどして、雲の中にまく。

2 ヨウ化銀を核として、雲の中で氷晶ができ、雨を降らす。

ドライアイスで人工雨〔図2〕

飛行機などで、雲の中にドライアイスをまき、雲の中の水滴を冷やして氷晶をつくり、雨を降らせる。

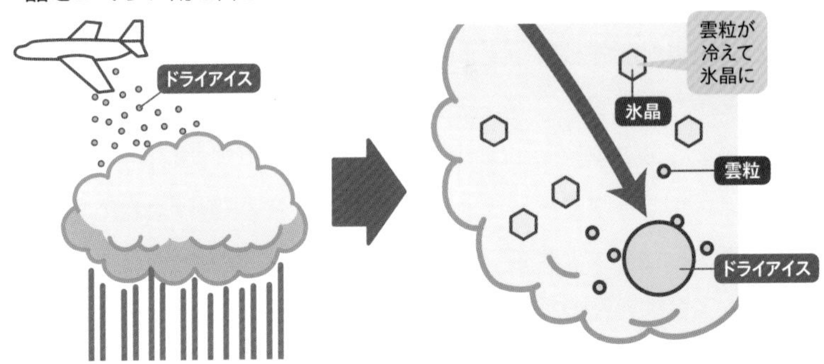

1 飛行機で雲の上から細かく砕いたドライアイスを雲にまく。

2 ドライアイスが、雲の中の雲粒を冷やし、氷晶をつくり、雨を降らす。

62 ［最新科学］「人工雪」はどうやって降らせる？

なるほど！ 細かい氷や霧状の水滴をまいて、人工的に雪を作り出している！

最近の冬季オリンピック・パラリンピックなどで、「人工雪を使った…」などとよく聞きますよね。スキー場で雪が不足した場合など、人工的に雪をつくっています。そこで活躍しているのが、「人工造雪機」と「人工降雪機」です。

人工造雪機は、氷を細かく砕いて雪にする機械です〔図1〕。かき氷のように大量の氷を細かく砕いて、ゲレンデにまきます。気温が氷点下でなくても雪が作れるので、**真夏にスキー場をつくることもできます**。

人工降雪機は、寒いときに霧状の水をまいて空気中で凍らせ、人工的に雪を降らせる機械です〔図2〕。水と圧縮した空気を噴射すると、空気が膨張して冷えるので、空気と同時に吹き出した霧状の水滴を冷やします。このとき空中で凍った水滴が氷晶核となり、人工雪になるのです。

ノズルから吹き出した水を、大きなファンで霧状にしてまき、空中で凍らせて人工雪をつくるタイプの人工降雪機もあります。

人工雪は自然の雪より含む空気の量が少なく、水分の密度が高いので、かたくなります。そのため人工雪のスキー場で転ぶととても痛く、大きなケガをする選手もいるため注意が必要です。

冬のスポーツで人工雪が大活躍

人工造雪機のしくみ〔図1〕

氷を細かく削ったものを噴射して雪をつくる。気温に関係なく、雪をつくれる。

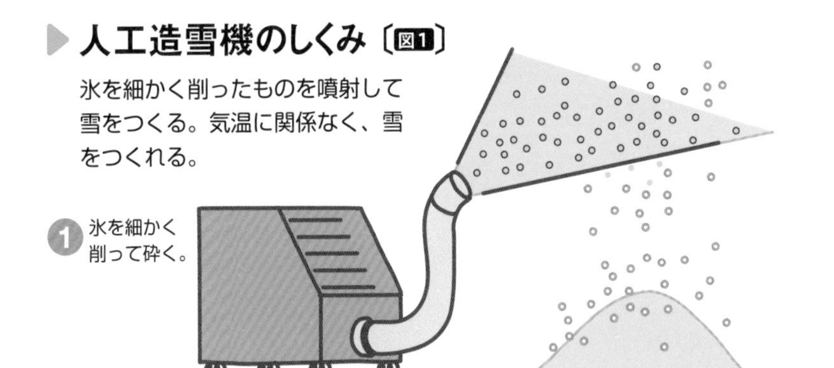

人工降雪機のしくみ〔図2〕

気温が氷点下のとき、冷却水と圧縮空気を同時に空気中に吹き出して、大気に水滴をまき、雪をつくる。

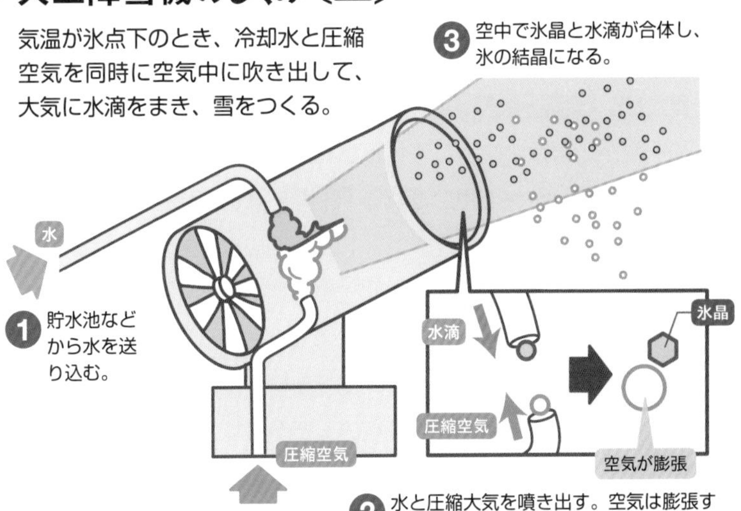

63 ［天気予報］ 天気予報ってどうやって生まれた？

1800年代に**天気図による天気予報**が開始。コンピューターの進化で**数値予報**が可能に！

天気の予想は、世界中で紀元前から行われてきました。例えば、バビロニア人は雲の出現パターンで天気を予測し、中国人は1年を24節に分けて気候の変化を把握しようとしました。

1600年代に温度計と気圧計が発明され、科学的な天気の予想が試みられます。1800年代には**イギリスで天気図を用いた天気予報**がはじまります。日本では明治時代に入ってから、天気予報の実現に向けて観測機器が設置され、**1883年3月から、印刷された天気図が配布されます**〔図1〕。日本初の天気予報は1884年6月1日から。**「全国一般風ノ向キハ定リナシ天気ハ変リ易シ但シ雨天勝チ」**の一文が、東京の交番に張り出されました。

現在の天気予報で用いられる**「数値予報**（➡P80）**」**は、1922年にイギリスの気象学者リチャードソン氏によって発明されたモデルです。しかし計算が複雑で当初の実験は失敗しました（➡P144）。

しかしコンピューターの発達により、1950年にアメリカで数値予報の実験に成功。日本でも1959年にコンピューターを用いた数値予報を開始。数値予報は現在の天気予報に欠かせない技術となっています。コンピューターや気象衛星・気象レーダーなどの**観測機器の発達とともに、今も天気予報の精度は向上しています**〔図2〕。

天気予報のために天気図が必要

日本最初の天気図〔図1〕

1883年3月1日から、天気図が配布された。ドイツの気象学者クニッピングが作成したもので、彼は政府に「天気予報には1日3回の天気図が必要」と提言していた。

この天気図では当時の天気記号が使われています。

写真提供／気象庁

天気予報の未来〔図2〕

2030年に向けた、気象庁による気象業務のおもな目標をいくつか紹介。

早め早めの防災対応

線状降水帯を予測し、集中豪雨の発生前からの早期警戒、避難。

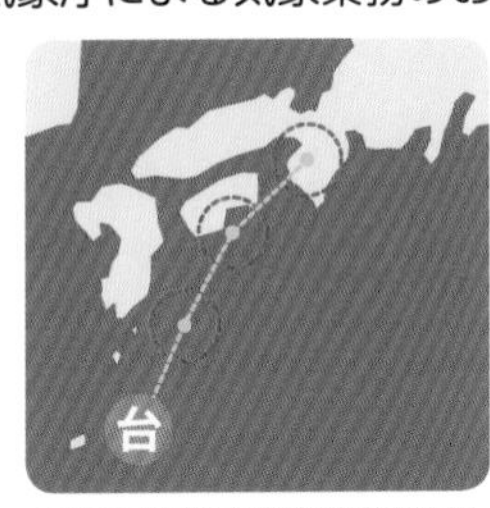

台風進路の精度向上

3日先の台風進路予測誤差を、現在の1日先の予測誤差と同程度にする。

長期予報の精度向上

数週間先の豪雨や暴風など、数か月先の冷夏、暖冬などの予測の向上。

64 ［天気予報］ 天気予報はなぜ外れるの？

天気を予測する際に誤差が生じるから。近い未来ほど当たりやすい！

天気予報は外れることもありますよね。どうしてなのか、その原因をいくつか見てみましょう。

まずは**「数値予報」による誤差**。天気予報は日本を５kmや20kmの格子で区切り、格子点における未来の気温や気圧などの予測値を数値予報モデルで計算して、明日の天気を予想します（➡P80）。しかし、**数値予報モデルでは雲の位置を正確に再現できるわけではありません**〔図1〕。予測しきれない雨雲が生じてしまうのです。

空気の動きなどの物理現象の方程式を用いて、雨が降るまでの工程をコンピューターで計算し、未来の雲の位置を予測する場合もあります。しかし、雲ができる工程はよくわかっていないことも多く、このはっきりしない部分も天気予報が外れる原因になります。

また、**数値予報の予測値に含まれる小さな誤差は、時間が経過していくにつれて大きくなっていきます**。天気予報は、いくら精度が向上しても、遠い未来になるほど正確には予測しきれないのです。その反対に、予報日時が現在と近ければ近いほど、正確になります。例えば、気象庁が発表している天気予報（降水の有無）の予報適中率は、７日先の場合が67％なのに対し、明日の場合は83％。近い未来のほうが、適中率が高いことのあらわれですね〔図2〕。

遠い未来ほど適中率は低い

数値予報モデルの課題〔図1〕

数値予報モデルで用いる格子サイズは代表的なもので2〜20km。この間隔だと、コンピューターの数値計算では、明日の雲の位置を完全に再現することはできない。格子サイズを縮めるには、さらなるコンピューターの性能向上が必要である。

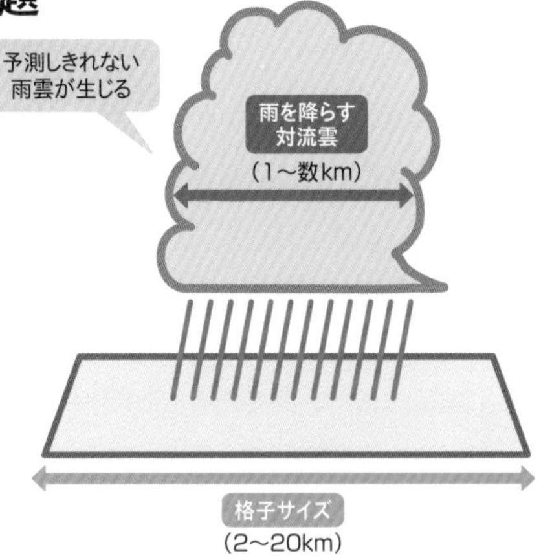

天気予報の適中率〔図2〕

気象庁は、天気予報が当たったか外れたかの適中率をホームページで公表している。下の表は、雨の予報の適中率を一覧にしたもの。

降水の有無の平均適中率

(単位:%)

	北海道	東北	関東甲信	東海	北陸	近畿	中国	四国	九州北部	九州南部	沖縄	全国平均
明日	79	81	85	86	84	84	85	85	85	86	79	83
明後日	75	78	81	82	81	81	81	81	81	82	76	80
3日目	72	73	77	77	76	77	76	77	77	77	72	75
4日目	69	71	75	75	73	74	74	75	74	73	69	73
5日目	67	68	73	73	70	72	71	73	72	71	68	71
6日目	66	66	71	71	67	70	69	71	71	69	67	69
7日目	64	64	70	69	65	68	67	70	69	67	66	67

※気象庁「天気予報の検証結果」
https://www.data.jma.go.jp/fcd/yoho/kensho/yohohyoka_top.html

竜巻博士「ミスター・トルネード」

藤田哲也

〔1920～1998〕

藤田は、竜巻とダウンバーストの研究における権威で、「ミスター・トルネード」と呼ばれる気象学者です。現地で観察実験を行い、そこで何が起きているかを分析し、さまざまな気象現象を明らかにしました。

気象学に興味をもった藤田は、1953年からアメリカで竜巻の研究をはじめます。竜巻が発生したら現地に行き、飛行機で上空から撮影し、竜巻被害のあとを見て回るなど精力的に調査。竜巻は大小の竜巻からなる二重構造をしていることなど、竜巻の実態を次々と明らかにしました。また、竜巻の強さを風速と被害状況で分類する「Fスケール（藤田スケール）」を考案。この単位は、現在も国際的な基準として広く使われています。

ダウンバースト（➡P62）という気象現象を発見したのも、藤田です。

謎の墜落事故に悩む航空会社が藤田に事故原因の調査を依頼。藤田は、非常に短い時間に発生する爆風のような下降気流、ダウンバーストが原因と突き止めます。しかし当時、ダウンバーストは誰も見たことのない気象現象。観測し、証明しなくてはいけません。

藤田は当時最新のレーダーで、いつ起こるかわからない「謎の風」の観測に見事成功。ダウンバーストの発見により、航空会社や空港は安全対策を講じることができました。藤田の研究で、空の旅はより安全になったのです。

さくいん

あ

か

さ

た

な

は

ま・や・ら

参考文献

『イラスト図解 よくわかる気象学 第２版』中島俊夫（ナツメ社）
『イラスト図解 よくわかる気象学 専門知識編』中島俊夫（ナツメ社）
『ひとりで学べる地学』（清水書院）
『空のふしぎがすべてわかる！ すごすぎる天気の図鑑』荒木健太郎（KADOKAWA）
『雲の中では何が起こっているのか』荒木健太郎（ベレ出版）
『図解・天気予報入門 ゲリラ豪雨や巨大台風をどう予測するのか』古川武彦・大木勇人（講談社）
『天気図-気象庁』
https://www.jma.go.jp/bosai/weather_map/
『各種データ・資料-気象庁』
https://www.jma.go.jp/jma/menu/menureport.html
『知識・解説-気象庁』
https://www.jma.go.jp/jma/menu/menuknowledge.html
『気象観測の手引き-気象庁』
https://www.jma.go.jp/jma/kishou/know/kansoku_guide/tebiki.pdf
『過去の天気（天気図）-日本気象協会 tenki.jp』
https://tenki.jp/past/chart/
『デジタル台風：100年天気図データベース-Nii』
http://agora.ex.nii.ac.jp/digital-typhoon/weather-chart/

天気図などの図版は、気象庁の資料をもとに作成した。

監修者 **中島俊夫**（なかじま としお）

気象予報士。1978年生まれ。2002年、気象予報士資格を取得。その後、大手気象会社や気象予報会社で予報業務に携わるかたわら、資格学校で気象予報士受験講座の講師も務める。現在は個人で気象予報士講座「夢☆カフェ」を運営。気象予報士の劇団「お天気しるべ」を主宰。著書に『イラスト図解　よくわかる気象学』シリーズ（ナツメ社）など。2021年NHK連続テレビ小説「おかえりモネ」で助監督（気象担当）を務める。

執筆協力	入澤宣幸、木村敦美
イラスト	桔川シン、堀口順一朗、北嶋京輔、栗生ゑゐこ
デザイン・DTP	佐々木容子（カラノキデザイン制作室）
校閲	中西秀夫
編集協力	堀内直哉
写真提供	Getty Images、気象庁、日本気象協会、 富山県魚津市、NASA、フォトライブラリー、PIXTA

イラスト&図解 知識ゼロでも楽しく読める！
天気のしくみ

2022年 8 月10日発行　第1版
2024年 5 月20日発行　第1版　第4刷

監修者	中島俊夫
発行者	若松和紀
発行所	株式会社 西東社 〒113-0034　東京都文京区湯島2-3-13 https://www.seitosha.co.jp/ 電話　03-5800-3120（代）

※本書に記載のない内容のご質問や著者等の連絡先につきましては、お答えできかねます。

ISBN 978-4-7916-3171-1